AF358944

SECOND MÉMOIRE

DE M. RAEPSAET,

Conseiller d'État extraordinaire de S. M. le Roi des Pays-Bas, Membre
de l'Institut du Royaume, et de l'Académie de Bruxelles;

SUR

LA DÉCOUVERTE

DE L'ART DE CAQUER LE HARENG,

ATTRIBUÉE

À G. BEUCKELZ, PILOTE DE BIERVLIET EN FLANDRE;

SUIVI

DE LA RÉPONSE DE M. NOËL,

INSPECTEUR DES PÊCHES DE FRANCE, PRÈS LE MINISTÈRE
DE L'INTÉRIEUR.

A PARIS,

DE L'IMPRIMERIE ROYALE.

1819.

EXTRAIT
DES ANNALES MARITIMES
DE 1819.

Dᴀɴs les *Annales maritimes et coloniales* de 1817, page 329, nous avons inséré les *Observations* de M. Noël, pour servir de réponse au mémoire de M. Raepsaet sur la discussion ouverte, et relative à l'invention de l'*art de caquer le hareng.*

M. Raepsaet vient de publier une réplique à ces *Observations*, dans laquelle il les discute et les combat de nouveau. L'impartialité que nous professons nous impose le devoir de faire connaître ce second mémoire, et d'imprimer à sa suite les observations dernières de M. Noël.

Le ton de politesse honorablement conservé entre deux savans qui ne cessent de s'estimer en défendant leur opinion, le piquant et la vivacité de la discussion, l'originalité et l'importance d'abord inaperçue de la matière, qui ne semblait point admettre autant d'érudition, de critique et de développemens, nous assurent de l'intérêt que les lecteurs prendront à ces deux nouveaux articles.

Rᴇᴘᴏɴsᴇ aux Observations de M. Noël ᴅᴇ ʟᴀ Moʀɪɴɪᴇʀᴇ, Inspecteur des pêches maritimes près le Ministère de l'intérieur de France, sur la Note de M. Rᴀᴇᴘsᴀᴇᴛ, Conseiller d'état extraordinaire du Roi des Pays-Bas,

Membre de l'Institut et de l'Académie de Bruxelles, relative à l'invention de caquer le hareng, attribuée à Guillaume Beukels, pilote de Biervliet en Flandre, lue dans la séance de l'Académie de Bruxelles, le 18 Novembre 1816.

M. NOËL ayant fait insérer ces *Observations* dans les *Annales maritimes*, sous la date du 7 juin 1817, il a eu la complaisance de m'en faire passer un exemplaire : je l'en remercie, et j'aurai l'honneur de lui en faire passer réciproquement un de ma présente *Réponse*. Je viens m'acquitter envers M. Noël.

J'ai lu ses *observations* avec toute l'attention que mérite la réputation de l'auteur; et comme il me rend la justice *d'avoir combattu son opinion avec politesse*, en déclarant *qu'il ne se rend garant que du fait principal*, je n'ai pas besoin de porter mon attention sur le compte qu'en a rendu certain journal français qui m'a paru plus heureux en calembourgs que fort en raisonnemens. Laissons donc au journaliste ses rieurs, et occupons-nous du *fait principal*, qui intéresse le public instruit; rétablissons d'abord la QUESTION dans son état primitif; voyons quelle est l'opinion que M. Noël a avancée, par quels moyens je l'ai combattue, comment il y a répondu, et enfin si ses réponses sont satisfaisantes.

M. Noël a énoncé son opinion ainsi qu'il suit : « Beukels
» est né en 1347 selon les uns, et en 1397 selon les au-
» tres, car les Hollandais ne connaissent ni le lieu ni
» l'année de sa naissance, qui cependant n'est pas anté-
» rieure au XIV.ᵉ siècle. — Que doit-on penser de l'inven-
» tion de ce Beukels, quand on voit qu'une charte du
» comte d'Eu, datée de 1170, permet à l'abbaye de cette
» ville d'acheter au Tréport, sans payer aucun droit, vingt
» milliers de harengs frais ou *salés*; et quand on lit une
» ordonnance du Roi de France Louis VII, en 1179, qui
» défend de rien acheter dans la ville d'Étampes, à dessein de
» le revendre, excepté le maquereau et le *hareng salé!* Que

» d'inventeurs perdent leur auréole aux yeux de ceux qui
» lisent les vieux livres!! »

J'ai répondu par la *note* que j'ai lue dans la séance de
l'académie de Bruxelles, le 18 novembre 1816, qu'il ne
me paraissait pas bien difficile de maintenir Beukels en possession de la réputation dont il jouissait, d'avoir inventé
l'art de *caquer le hareng*, puisque cet honneur lui est déféré
par le témoignage de tous les historiens, tant régnicoles
qu'étrangers, par une tradition constante de quatre siècles,
et par quelques anecdotes locales que j'avais nouvellement
recueillies à l'appui.

Non-seulement M. Noël est convenu de ce témoignage
unanime et de cette tradition constante, mais il les a con-
firmés, *dans ses Observations*, en y ajoutant *que la prétendue découverte de Beukels est devenue une espèce de dogme
religieux en matière d'histoire ; qu'elle a été adoptée par les
autres nations et proclamée dans toutes les langues de l'Europe.*

La QUESTION à discuter se présentait donc et se présente
toujours encore sous un aspect très-simple ; c'est de savoir
« si M. Noël produit des autorités ou fournit des argumens
» assez décisifs pour renverser cette tradition constante et
» unanime de quatre siècles. »

En d'autres termes, et comme s'explique M. Noël, « s'il
» est vrai que cette tradition ait été adoptée et suivie pen-
» dant quatre siècles, par toutes les nations, *sans examen,*
» *et doive être considérée comme une tradition populaire et fa-*
» *buleuse, suffisamment démentie par les actes du temps.* »

La QUESTION ainsi posée, ma tâche se bornait et se
borne encore à examiner simplement si les *actes du temps,*
dont M. Noël entend appuyer sa *nouvelle* opinion, démen-
tent cette tradition.

Car aussi long-temps qu'il n'aura pas démontré, *par des
actes du temps,* que cette tradition n'est qu'une illusion *populaire* et *fabuleuse,* il n'y aura aucun motif pour s'en départir.

Ainsi, de mon côté, je n'ai rien à prouver directement ;

je n'ai qu'à réfuter et à résoudre : la tradition existe de fait ; elle est en aveu ; la possession de Beukels lui vaut titre, aussi long-temps qu'elle n'est pas *prouvée* vicieuse.

M. Noël avait d'abord voulu prouver ce vice de possession par la charte du comte d'Eu, de 1170, et l'ordonnance de Louis VII, de 1179, dans lesquelles il est fait mention de hareng *salé.*

Mais j'ai observé dans ma *note* que ce n'est pas l'art de *saler* le hareng dont la tradition attribue l'invention précieuse à Guillaume Beukels de Biervliet, mais bien l'art de le CAQUER, comme on le dit en français, ou KAAKEN en flamand ; que la méthode de *saler* le hareng, comme tout autre poisson frais, pour le conserver quelques jours ou pour le transporter, ainsi que l'observe M. de Lamarre, à vingt et trente lieues dans l'intérieur, n'est pas proprement un *art ;* qu'elle a été connue dans tous les temps et de tous les peuples pêcheurs ; et par conséquent, que ces deux chartes du XII.ᵉ siècle ne portent aucune atteinte à la tradition qui attribue à Beukels l'invention de l'*art*, non pas de *saler*, mais de *caquer* le hareng. M. Noël semble avoir senti la justesse de ma solution ; mais il s'efforce de la paralyser dans ses *Observations :* car il y veut maintenant soutenir que l'*art de caquer le hareng* est connu dès les XII.ᵉ et XIII.ᵉ siècles ; que l'honneur de l'invention appartient à la France, parce qu'elle en produit le plus ancien titre (page 348) dans une ordonnance du Roi de 1337 ; que Beukels a emprunté cet art de la France, et l'a introduit, le premier, parmi ses compatriotes.

C'était déjà une forte entreprise que celle de renverser une tradition constante de quatre siècles : mais c'en est une incomparablement plus hasardée, que de revendiquer l'honneur de cette découverte pour la France, contre le témoignage même des historiens français, qui sont cependant réputés si jaloux de leur gloire nationale, qu'on en voit plusieurs, dans ces derniers temps, attribuer à leurs compatriotes seuls les victoires auxquelles d'autres nations pour-raient, avec justice, prétendre leur part.

Toutefois, voyons où sont ces monumens et *ces actes* des XII.ᵉ et XIII.ᵉ siècles, que M. Noël invoque comme *actes du temps* qui prouvent *qu'à cette époque* l'art de *caquer* le hareng était déjà connu.

M. Noël n'en produit aucun *relatif à cette époque;* mais, au lieu d'*actes*, il oppose à la tradition des *argumens*, quoique des *argumens* soient loin d'être des *actes.*

Après avoir vanté (page 333) *la prodigieuse importance* des pêches de la Poméranie, de la Scanie, de la Norwége et de l'Ecosse, pendant les XII.ᵉ et XIII.ᵉ siècles, « Comment, » a-t-il dit, voudrait-on expliquer autrement l'immense com-» merce de poisson qui se faisait dans tout le nord de l'Eu-» rope, depuis Helgeland jusqu'au fond de la Baltique! » les *Hollandais* n'étaient-ils pas obligés de faire un *trajet* » *de plus de deux cents lieues* pour rapporter chez eux le » hareng *qu'ils avaient salé à Skanor et Falsterbo,* ou que » leur vendaient les Écossais de Perth, d'Aberdeen et de » Saint-Andrew! Pense-t-on qu'ils se contentaient de le rap-» porter *salé en vrac*, ainsi que nous vient la morue de Terre-» Neuve, que les bâtimens de Granville, de Dieppe, de » Honfleur, rapportent de la pêche du Grand-Banc! Autant » vaudrait croire qu'on a porté des prunes depuis Paris jusqu'à » Pétersbourg, et qu'elles y sont arrivées saines. »

Je conviens que la comparaison peut être juste et plai-sante, si les *prémisses* sont vraies; mais si elles ne le sont point, ce raisonnement ne vaut pas un *acte du temps;* puis-qu'il ne prouve rien, attendu qu'il croule par sa base.

En effet, sans entrer dans l'examen de cet *immense com-merce* de poisson qui se faisait dans le Nord aux XII.ᵉ et XIII.ᵉ siècles, et sans chercher si, à cette époque, les Hollandais et les Flamands allaient déjà pêcher le hareng dans les mers du Nord, fait sur lequel il se pourrait bien que M. Noël se trompât, du moins est-il certain que, dans le XIII.* siècle, les Flamands *salaient le hareng chez eux*, et par conséquent qu'ils n'avaient pas besoin d'aller le *saler* à *Skanor* ni à *Falsterbo*.

Je ne le prouve point par un raisonnement, mais par un *acte du temps* que j'oppose au *raisonnement* de M. Noël; c'est un arrêt du parlement de Paris, de l'année 1280, qui est rapporté dans l'inventaire des chartes de la chambre des comptes de Lille, publié par M. le comte de Saint-Genois (1).

Cet arrêt, « rendu sur la requête des mayeurs et échevins » de Saint-Omer, lève la défense faite aux habitans de Saint-» Omer, par le comte de Flandre, de PRENDRE, acheter et » SALER, en un jour, *plus de vingt-cinq mille harengs* dans » le port de Gravelines, et déclare qu'ils pourront en faire » acheter et saler autant que bon leur semblera. »

Je ne dirai point si cette limitation prescrite par le comte de Flandre avait pour but une punition de la ville de Saint-Omer, ou bien une mesure de police; mais il n'en résulte pas moins que la SALAISON DU HARENG devait être dans une grande activité au XII.ᵉ siècle, dans les ports de Flandre, puisque, dans le seul port de Gravelines, une seule ville en achetait plus de vingt-cinq mille par jour pour les *saler*.

Je vais plus loin; et en convenant avec M. Noël que le hareng *salé en vrac* n'aurait pas plus pu venir de Skanor et de Falsterbo dans les ports de Flandre, que les prunes de Paris à Pétersbourg, j'en conclus que puisque ce hareng venait cependant *frais* et *non salé* dans les ports de Flandre, il s'ensuit que les pêcheurs de Flandre le pêchaient assez dans la proximité de leurs côtes, comme encore aujourd'hui.

M. Noël est donc parti d'une prémisse fausse, lorsqu'il a avancé que les Hollandais étaient obligés de saler leurs harengs à Skanor et à Falsterbo dans les XII.ᵉ et XIII.ᵉ siè-

---

(1) SAINT-GENOIS *Monumens anciens*, tome I, page 682.

cles , puisque je prouve par un *acte du temps*, très-authen-
tique , qu'ils le prenaient et amenaient *frais* dans *leurs ports*,
et l'y *salaient*.

Ce ne fut pas même depuis 1280 qu'ils l'amenaient *frais*
dans nos ports ; ils l'amenaient déjà *frais* dès le milieu du
XII.ᵉ siècle.

Ceci résulte d'un autre *acte du temps*, non moins authentique , qui se trouve dans le *Recueil des placards de
Flandre*, livre IV, page 427 : c'est la charte pour la ville
de *Nieuport*, de l'année 1163. Elle fixe le péage du hareng
frais à un denier *au mille*, et à huit deniers par *buze* (espèce
de chaloupe particulière à la pêche du hareng , connue encore en Flandre et en Hollande sous le nom de *haring-
buyze*) (1). Cette pêche était dès - lors si commune en
Flandre, qu'elle était comprise dans la classe des *fruits in-
dustriels* sujets à la dîme ; car M. le comte de Saint-Genois
rapporte dans son ouvrage prémentionné , sous l'année 1235,
page 537, « des lettres des habitans de Nieuport au Pape,
» par lesquelles ils reconnaissent être obligés DE PAYER LA
» DÎME DE HARENGS , selon le partage qui en a été fait
» IL Y A PLUS DE SOIXANTE ANS, savoir, un tiers au
» curé , un tiers à la fabrique, et le reste aux pauvres. » Il
cite ensuite, à la même page, sous la date de l'année 1236,
« un compromis entre le chapitre de Sainte-Walburge à
» Furnes, d'une part, et les habitans de Nieuport, d'autre
» part, au sujet de la DÎME DES POISSONS, dans lequel le

---

(1) « *Mille* halecia RECENTIA , unum denarium ; de *buzâ* adducente
» RECENS ALLEC, octo denarios ; centum salmones, quatuor denarios ;
» mille *macarelli*, duos denarios ; centum *cabillawi*, duos denarios ; cen-
» tum *schelvise*, unum denarium, &c. » *La pêche de la baleine* devait même
y être très - ordinaire en 1163, puisqu'elle est comprise dans le tarif :
« Quicumque extraneus PARTEM CETI emerit , de marcâ unâ sex dena-
» rios dabit. » M. Noël pourrait donc bien se tromper aussi sur l'époque
à laquelle les Hollandais ont commencé cette pêche, qu'il ne fixe,
page 350, qu'à cent quarante ans après l'année 1464, pour en assurer
aussi la priorité à la France.

» chapitre déclare que, quoiqu'il soit en droit d'avoir la dîme
» de *tous* les poissons que l'on *prenait,* il ne demandait que
» celle dont les *églises* voisines jouissaient. »

Il est donc démontré par des *actes du temps, authenti-*
ques, que dès le XII.ᵉ siècle, la PÊCHE et la SALAISON du
hareng étaient en pleine activité dans les ports et villes de
Flandre ; elles étaient aussi, suivant M. Noël, en pleine activité en France et dans le Nord, ce que je n'ai pas besoin
d'examiner dans l'intérêt de notre question.

Mais, si *Beukels* n'a rien inventé, comme le prétend
M. Noël ; si le procédé de la salaison, qui est attribué à
Beukels, est le même qui était connu chez toutes ces nations
aux XII.ᵉ et XIII.ᵉ siècles, et qui est parvenu, de père en fils,
jusqu'à nous, qui n'en connaissons pas de meilleur, que
M. Noël nous explique comment une tradition a pu prendre
commencement dans le XIV.ᵉ siècle, qui ait pu faire reconnaître pour une *nouvelle* decouverte, même pour une découverte à laquelle on a donné le titre de *mine d'or,* une
méthode qui était connue depuis trois siècles, et qui se
pratiquait *tous les jours* au vu et su de tout le monde ;
comment un pauvre pilote du petit port de Biervliet a pu
parvenir à fasciner, non-seulement les yeux de ses compatriotes, mais encore ceux des Français, dont il aurait
emprunté son art ; comment il a pu ensuite induire tous ces
peuples maritimes du Nord à admirer comme nouveau un
procédé qu'ils connaissaient et suivaient depuis des siècles,
sans en connaître d'autre : comment toutes ces nations n'ont
pas seulement adopté ce prestige, *sans examen,* mais
l'ont vénéré, sans réclamation, *comme un dogme religieux,*
pendant quatre siècles. Sans doute, cette tradition a eu un
commencement, et ce commencement a dû se faire du jour
au lendemain par celui qui, le premier, est venu débiter la
veille cette fanfaronade : mais n'eût-on pas dit à ce nou-
velliste de Biervliet : « Entrez dans mon attelier et dans ceux
» de la ville, et voyez si la salaison s'y fait d'une autre ma-

» nière que celle que vous voulez nous vendre pour une
» nouvelle invention ! »

Tels sont les obstacles que cette tradition eût infaillible-
ment rencontrés, sans y pouvoir résister dès le moment
de sa naissance, s'il ne sortait pas d'ailleurs de la sphère des
probabilités, que le procédé suivi depuis *Beukels* a été connu
depuis le XIIe siècle, comme M. Noël est venu le premier
le prétendre dans le cours du XIXe siècle.

De là suit que cette *salaison* dont parlent ces *vieux livres*
et ces anciennes chartes, et qui était en usage en France,
dans les Pays-Bas et dans le Nord, était bien différente de
l'*art de caquer le hareng*, dont la tradition constante et unanime proclame GUILLAUME BEUKELS l'inventeur.

Qu'ainsi cette *salaison* ancienne ne consistait qu'en la
saumure ordinaire et temporaire qu'on donnait dans *nos*
ports au hareng *frais* de *nos* pêches, pour le conserver
pendant le transport dans l'intérieur ; mais que l'art de *caquer le hareng* [KAAKEN] ou de préparer le TON-HARING,
attribué à *Beukels*, a consisté et consiste encore, non pas
à *tasser* le hareng avec une saumure ordinaire dans des *caques* ou barils, plutôt que dans des paniers ou des *bennes*,
mais de l'y tasser avec ce choix scrupuleux et ces procédés
particuliers dont les ordonnances de police d'Amsterdam
que j'ai citées dans ma première *note*, prescrivent si rigoureusement l'observation. Ce n'est que par ces procédés,
comme l'ont remarqué le conseiller grand-pensionnaire de
Hollande Catz, et M. de Lamarre, qu'on a rendu le hareng
susceptible d'être transporté, sain et sauf, dans toutes les
parties du monde ; tandis qu'avant l'invention de ce procédé,
*il ne pouvait pas se garder long-temps et ne faisait qu'un objet
de commerce avec nos voisins.* Voilà ce que j'ai entendu, dans
ma première note (page 6), *par saler ce poisson en tonnes à*
DEMEURE, expression que M. Noël a dit ne pas com-
prendre, apparemment parce qu'elle n'est pas bien *française,*
ce que je n'entends pas lui contester ; car, étant Flamand,

je m'explique en français comme je puis, et non pas comme je dois.

Qu'importe après cela la charte de Philippe, comte de Flandre, de 1188, qu'on nous oppose, et qui est rapportée par Martène (1)! Ce prince y donne à l'abbaye de Clairval DUAS LASTAS ALECIUM [deux lastes de hareng]. M. Noël en conclut que ces deux *lastes* devaient *nécessairement* se compter par *barils ;* mais toute indifférente que serait pour notre question la manière de compter le *laste de hareng*, nous voyons, au contraire, par le *Glossaire* de Du Cange, *verbo* LASTA, que spécialement *un laste de harengs* consistait en dix *milliers :* on ne comptait donc pas, et bien moins, *nécessairement*, un *laste* de hareng *par barils*, mais *par pièces.*

Ainsi les *trois actes du temps*, celui du comte d'Eu de 1170, de Louis VII de 1179, et du comte de Flandre de 1188, par lesquels M. Noël a prétendu détruire la tradition constante de l'invention de *Beukels*, ne l'atténuent pas même: je dirai plus, ils la confirment; puisqu'il résulte, au contraire, de la charte de Nieuport de 1163, de celle pour Saint-Omer de 1280, des lettres des habitans de Nieuport au pape de 1235, et du compromis du chapitre de Furnes de 1236, qu'à ces époques, la *pêche* et la *salaison* du hareng étaient en pleine activité *dans nos ports ;* et comme, suivant M. Noël, elles l'étaient pareillement dans les ports de France et du Nord, ces circonstances réduisent notre QUESTION naturellement à ce dilemme : « Ou la salaison du XII.ᵉ siècle » était la même qui est attribuée à *Beukels*, et qui se pra- » tique encore, ou elle ne l'était pas. » Au premier cas, on ne peut pas plus concevoir comment, dans le XIV.ᵉ siècle, une tradition eût pu *commencer*, qui eût fait passer cette mé- thode pour une nouvelle découverte faite par un pauvre pilote du petit port de Biervliet, qu'on ne pourrait conce-

___

(1) MARTÈNE, *Anecdotorum* lib, I, col. 632.

voir comment pourrait commencer aujourd'hui une tradition qui ferait passer l'invention de la boussole comme faite dans le XIX.ᵉ siècle par un pauvre pilote de Dieppe. Au second cas, les *actes du temps* et les raisonnemens de M. Noël sont étrangers à la question.

Ainsi, sous tous les rapports, quant *au fait principal dont M. Noël s'était constitué garant*, et qui fait le sujet de la première partie de la présente discussion, il n'a réussi à prouver, ni *par des actes du temps*, ni par des argumens quelconques, que la tradition relative à l'invention de *Beukels* est *populaire* et *fabuleuse*; il n'a pas même fourni un seul moyen qui la rende douteuse.

Mais s'il n'y a pas réussi, comment pourrait-il réussir dans la seconde partie, à revendiquer la priorité de cette invention pour la France !

Car alors même que je recevrais la supposition de M. Noël, que *Beukels* est né en 1340, supposition que je n'ai pas faite ni pu faire, puisque l'année de sa naissance n'est pas connue, le rapprochement que M. Noël veut faire de cette année avec l'année 1337, date de l'ordonnance du Roi Philippe VI sur laquelle il fonde sa revendication, et dans laquelle il est parlé de CAQUE HARENG; ce rapprochement, dis-je, ne prouverait jamais, comme M. Noël se l'imagine, que *Beukels* aurait dû avoir fait son invention tout au plutôt en 1355, à l'âge de quinze ans, tandis qu'il résulterait de l'ordonnance de 1337, suivant M. Noël, que dès-lors, et ainsi avant la naissance de *Beukels*, l'art de *caquer* le hareng aurait été déjà connu en France.

Mais M. Noël se trompe ici sur la signification de *caque hareng*, qu'il trouve dans l'ordonnance de 1337, comme il s'est trompé sur la signification de *hareng salé* dans les chartes de 1170 et 1179.

Voici ce que porte cette ordonnance de 1337; c'est un octroi pour la ville de Paris : « Il sera perçu sur chacun » *millier* de harens sor, oict deniers; sur chacun *pignon* de

» harens, oict deniers ; sur chacun *tonnel de caque hareng*,
» oict deniers. »

Il invoque ensuite de pareilles lettres d'octroi de 1349,
qui portent : « Item l'harenc sor, le vendeur payera *du millier*
» 12 deniers, et l'acheteur pour revendre autant ; item sem-
» blablement le *pignon* de harencs ; le *tonnel de caque*, 12 de-
» niers. »

Enfin il invoque l'ordonnance du Roi Jean, de 1350, sur
la police du royaume, dont le titre IX est entièrement consacré *à la police de la vente du poisson de mer.*

M. Noël entend par ces mots, *tonnel de caque harenc* et
tonnel de caque, le HARENG CAQUÉ, c'est-à-dire, le hareng
salé d'après les procédés dont la tradition fait honneur de
l'invention à *Beukels ;* et en assurant *que l'équivalent de cette
locution n'était point alors dans la langue flamande* (1), il en
conclut que la priorité de cette invention appartient à la
France, puisqu'elle en produit le plus ancien titre, celui de
l'ordonnance de 1337.

Mais M. Noël ne se laisse-t-il pas entraîner lui-même
trop loin par l'amour de la patrie, lorsqu'à la faveur de ces
termes de l'ordonnance de 1337, il prétend donner la priorité de l'invention à la France ! ne semble-t-il pas se mettre
en contradiction avec lui-même ! Car, si, comme il le prétend,
les Hollandais connaissaient et pratiquaient déjà cette saumure

***

(1) Elle est hardie cette assertion négative dans la bouche d'un écrivain français ! Si, selon M. Noël, les Hollandais préparaient déjà, dans
le XII.ᵉ siècle, cette *espèce* à Skanor et à Falsterbo, peut-on croire
qu'en 1337, ils n'avaient pas encore trouvé dans leur langue un nom
équivalent à cette espèce ! Si M. Noël avait, page 338, bien traduit le
texte flamand de Vaernewyck, il aurait trouvé que cette *espèce* y est
appelée TON-HARING, qui est bien l'équivalent de *hareng caqué* en français, puisque le terme est même *convertible.* Cette *espèce* est encore
connue sous le nom de *pckel-haring,* c'est-à-dire, hareng de *saumure,* qui
n'est pas certainement synonyme avec *salé.* Ces deux noms sont émi-
nemment flamands ; on ne croira donc pas, sur la simple dénégation
d'un écrivain français, qu'ils ne sont que de nouvelle date.

de garde à Skanor et à Falsterbo, comment fonder la preuve de la priorité de la France sur une ordonnance de 1337! Cette nouvelle prétention ne semble pas avoir besoin d'une autre réfutation; cependant il importe de lui donner un plus grand développement, parce que la tradition que je défends en empruntera un surabondant appui.

En effet, ces ordonnances de 1337 et 1349 ne disent point ce que M. Noël croit qu'elles disent; ce sont deux lettres patentes d'octroi, qui permettent à la ville de Paris de lever un impôt sur les comestibles, d'après le tarif qu'elles déterminent. L'impôt qui y est assis sur le hareng *vendu* et *acheté* à Paris, par *millier*, par *pignon* et par *tonnel de caque*, indique assez par lui-même et à la lecture, qu'il ne s'agit pas là d'asseoir l'impôt sur la consommation du hareng par *classes* ou par *espèces*, mais à raison de la *quantité*, désignée soit par le *nombre*, soit par le genre de *voiture* ou *mesure* dans lesquelles il est apporté au marché; tout ainsi qu'il se pratiquait en Flandre déjà dans le XIIe siècle, et comme il résulte de la charte pour Nieuport de 1163, où le hareng est tarifé par *mille* et par *buze*. Ces ordonnances mêmes le prouvent, parce qu'on y voit que le *pignon* contenait un tiers moins qu'un *tonnelet de caque* : le *pignon* lui-même était une CAQUE, *doliolum;* et c'est dans ce sens que dom Carpentier, dans son *Supplément à du Cange*, verbo PIGNIO, prend textuellement cette ordonnance de 1337. M. de Roquefort, dans son *Dictionnaire de la langue*, dit même : PIGNON, *caque de hareng*. Ainsi le *pignon* et le *tonnelet* étaient des divisions et subdivisions d'une *mesure* générique appelée *caque;* ou plutôt, *caque* était un nom générique de tous les tonneaux dans lesquels on apportait du hareng au marché de Paris, puisqu'un *pignon* même était une *caque*.

M. Noël, au lieu d'aller prendre sa preuve dans l'ordonnance de 1337, aurait bien pu remonter plus haut et jusqu'aux ordonnances de 1320, que M. de Laurière recule

encore jusqu'à saint Louis, en 1258 (1) : mais il y aurait
vu que ces *panniers*, *bennes*, *tonneaux*, *charrettes*, &c., étaient
des *mesures*, dont la capacité était connue, puisque le *patron*,
fait de par le Roi, était déposé aux halles ; il y aurait trouvé
encore « que nul ne puisse *vendre* ne *acheter* harenc —— *en*
» *tonniaus sans compte* ; que nul ne peut *gaschier* ni brouiller
» *harenc blanc salé* et autres denrées *salées*. » Tout ceci est
répété dans l'ordonnance de 1350 (que M. Noël rapporte
à l'année 1351, apparemment parce qu'elle est du pénul-
tième janvier *avant Pâques*) : on y voit que ces *compteurs
de hareng*, que l'ordonnance de 1320 associe aux *poigneurs*,
puisqu'ils les comptaient par deux à-la-fois, profitaient un
hareng *du mille* ; qu'il était apporté à Paris en *charrettes* ou
en *mannes (mandes* ou *paniers)*, en *brouettes* ou en *sommes*.
Est-il aucune de toutes ces dispositions qui soit applicable
au *hareng caqué*, c'est-à-dire, tassé en tonnelets avec une
saumure préparée d'après la méthode de *Beukels* et pratiquée
encore toujours en Flandre et en Hollande ! est-il même
possible de *compter* le hareng caqué sans gâter toute la
tonne, à moins qu'en France on n'entende par *hareng caqué*
toute autre chose qu'on entend en Flandre et en Hollande
par hareng tassé en tonnelets et préparé suivant le procédé
dont l'invention est attribuée à *Beukels*, et connu sous les
noms de *ton-haring* ou *pekel-haring* ! Pour voir enfin com-
bien M. Noël se trompe sur la signification que le mot *caque*
avait *alors* en France, on n'a qu'à lire l'article 125 de l'ordonnance de 1350, qu'il invoque lui-même ; car il y est dit :
« Nul ne soit si hardi de vendre *caque de harenc* » : ce n'était
donc pas une *espèce* de hareng mais une *mesure* imposable.
On disait dans ce temps *une caque d'huile, de vin, de bière*, &c.
(*Voyez* D. Carpentier au supplément, *verbo* CAQUUS): c'était
donc une dénomination commune à tous les BARILS ; et dans

---

(1) *Ordonnances des rois de France*, tome II, page 455.

ce sens ce mot est employé dans l'arrêt du parlement de Paris de 1379, PRO PLURIBUS ALLECIUM CAQUIS (1).

Ainsi les titres par lesquels M. Noël prétendait non-seulement détruire la tradition sur l'invention de *Beukels*, mais encore fonder, au contraire, le droit de priorité de la France, loin d'avoir répondu à sa courageuse entreprise, prouvent contre lui.

Ce peu d'observations me paraît devoir suffire pour maintenir *Beukels* en possession paisible de la gloire que toutes les nations lui ont décernée sans réclamation depuis quatre siècles, et de la juste reconnaissance que ses compatriotes lui ont vouée pour un aussi inappréciable bienfait. Ma tâche est donc remplie, car je ne me suis chargé que de défendre la tradition contre l'attaque dirigée par M. Noël contre elle : je ne le suivrai donc pas dans ses discussions sur l'origine *commune* de la langue française et flamande, controverse où peut-être nous ne serions pas plus d'accord que sur la découverte de *Beukels* ; je discuterai bien moins l'étymologie et la signification qu'il prétend donner aux mots flamands *wapen, bennen, kaaken, packen:* les rédacteurs des *Annales belgiques*, dans leur cahier du mois de juin 1818, m'ont déjà prévenu à cet égard. Il suffit de dire que la signification que M. Noël prête à ces mots si communs parmi nous, n'est pas et n'a jamais été connue ni en Flandre ni en Hollande. J'entreprendrais donc infructueusement de désabuser sur ce point un Français, pour qui ces mots flamands paraissent *une formule presque magique;* c'est là une prévention commune à tous ceux qui entendent parler une langue qu'ils ne comprennent point; et bien que la langue française ne me soit pas aussi étrangère que l'est la flamande à M. Noël, j'aime néanmoins à reconnaître que j'ai besoin de toute son indulgence.

---

(1) *Ordonnances des rois de France*, tome VI, page 412.

Au lieu de combattre ce qu'il appelle *mes troupes légères*, il me semble qu'il eût été plus essentiel, dans l'intérêt de sa *nouvelle* opinion, d'établir par des actes décisifs, que l'art dont on attribue l'invention à *Beukels* a été connu avant lui, quoique ce ne fût pas dès le XII.ᵉ siècle; de faire voir ensuite, autrement que par des assertions gratuites, par quels moyens on est parvenu à fasciner les yeux de ses compatriotes et de toutes les autres nations, pour leur faire adopter une tradition qui était démentie par le fait à l'instant même qu'elle commençait ; comment les souverains du pays, les états de Hollande, le gouvernement et tout un peuple ne se sont jamais doutés de leur erreur et de ce prestige ; comment aucune nation, aucun historien n'a réclamé ; comment ce procédé si ancien, si connu, si général, a pu passer tout-à-coup pour la *mine d'or de l'état* chez les Hollandais, tandis que jusqu'alors cette mine avait été exploitée par eux en commun avec toutes les autres nations maritimes de l'Europe. En deux mots, pour nous convaincre qu'il est le premier qui voie clair, M. Noël eût dû nous prouver pourquoi, pendant quatre siècles, toute l'Europe a été aveugle sur la grande réputation d'un pauvre pilote pêcheur !

Mais M. Noël nous répond tout rondement (page 349) *qu'il ne veut pas même discuter ces considérations.* Cette déclaration absolue me permet donc de terminer ici ma RÉPONSE. Il ne me reste qu'à le prier de croire qu'elle n'est dictée *ni par amour propre ni par vanité,* mais uniquement par intérêt pour la vérité de l'histoire ; et si quelques journaux belges trouvent à propos d'en rendre compte, j'espère qu'ils se montreront animés des mêmes sentimens, et prouveront aux étrangers que, dans leurs critiques littéraires, ils n'envisagent que la question.

Le Conseiller d'état extraordinaire du Roi des Pays-Bas,
Membre de l'Institut du royaume et de l'Académie de
Bruxelles,

J. RAEPSAET.

Dernières Observations de M. Noël, Inspecteur des pêches, sur la prétendue découverte de l'art de caquer le hareng, attribuée à Guillaume Beuckelz, de Biervliet.

Dans le premier volume de l'*Histoire générale des pêches anciennes et modernes*, j'ai professé l'opinion suivante : « Beuc-» kelz n'est point l'inventeur de *l'art de saler le hareng*. Son » mérite se borne peut-être à avoir introduit à Biervliet *l'art* » *de le caquer*. » C'est en substance tout ce que je pouvais dire en faveur de ce bon et honnête pêcheur. Pourquoi lui aurais-je fait un déni de justice ! je n'ai pu en avoir l'intention, et, sous quelque rapport que ce fût, je n'y avais aucun intérêt.

Jetés comme des fourmis qui se meuvent et s'agitent à la surface d'un coin de terre, les hommes ne composent-ils pas une même famille, sans acception de tribu, de langue ni de religion ! Inaccessible aux petites passions nationales, peu importe à l'histoire qu'un Flamand ou un Français ait le premier caqué le hareng. Ce qui m'importe, c'est qu'on ait trouvé l'art et propagé l'usage de caquer ce poisson, d'après la conviction dans laquelle je suis, que la salaison en est plus parfaite, la conservation plus durable et dès-lors plus utile à la société, soit que les consommateurs se disent Flamands ou Français, soit qu'ils se proclament Polonais ou Espagnols, Grecs du mont Athos ou Maronites du mont Liban.

Quand je m'exprime en ces termes, M. Raepsaet n'en doit pas moins rester persuadé de toute l'importance que je mets à ce que la France ait en sa faveur le mérite ou la priorité de l'invention ; mais j'ai de la véritable grandeur une trop juste idée, pour la rabaisser à de si faibles élémens. L'étoffe est trop mince ou la toile trop claire pour soutenir la broderie du blason dont l'orgueil voudrait la couvrir. Je refuse donc à la question une importance exagérée ; et pourquoi en userais-je autrement ! l'origine de toutes ces inventions de saler, de caquer, de pacquer le hareng, d'apposer des marques à feu sur les barils, &c. &c., que l'on présente comme des merveilles qui conduisent droit à l'immortalité, quoique très-inférieures à celles de la charrue, de la scie, du cric, et même des moulins à vent, se perd dans la nuit des temps. Il y a grande folie à vouloir en soulever le voile, qui n'est guère moins épais que celui dont s'enveloppait la théogonie des divinités du nord, parmi les peuples païens qui les premiers pêchèrent le hareng.

Aux yeux de la Hollande et de la Flandre, j'ai commis, dans l'ouvrage cité, l'impardonnable faute de révoquer en doute que Beuckelz fût l'inventeur de l'art de saler le hareng. Certes ! j'en ai donné la raison. Si la chose n'était ainsi, il me faudrait déchirer toutes les chartes que j'ai lues, antérieures au XIV.ᵉ siècle, et je ne suis pas disposé à un tel sacrifice. Depuis, en voulant faire bien, j'ai peut-être fait plus mal encore, aux yeux des hommes qui habitent les villes et les plaines au nord de l'Escaut. N'ai-je pas dit que Beuckelz avait tout au plus inventé l'art de pacquer le hareng, procédé qui consiste à le ranger dans des barils par lits symétriques, à le presser avec un faux fond sur lequel un homme saute trois fois, et à le couvrir de saumure, avant que le tonnelier ferme le baril ! Nier la première proposition, et restreindre l'invention au procédé très-simple dont je parle et dont j'ai fait la concession bénévole, ce n'est pas ce que réclament la Belgique et la Hollande. Elles oublient que, d'après un ancien axiome, il est certaines circonstances où la *moitié vaut mieux que le tout;* elles insistent pour que je reconnaisse l'erreur qu'elles me prêtent; elles veulent me punir d'une faute qui m'est étrangère. Mais il n'est pas plus juste de chercher à dominer l'opinion que de vouloir commander à la foi. Quand, toutes choses égales d'ailleurs, chacun possède les lumières de la raison, il faut bien laisser à chacun la liberté de conscience. Nous ne sommes plus aux temps où l'on disait : *Crois ou meurs*. Certainement je ne suis pas disposé à mourir, je ne le suis pas davantage à croire.

L'importance que je refusais à la découverte de Beuckelz, avec une scrupuleuse réserve, M. Raepsaet la lui a donnée très-libéralement, en lisant, dans le sein d'une société savante, un mémoire dans lequel il attaquait et critiquait mon opinion.

J'ai répondu en 1817, et je croyais avoir tout dit. Mais après dix-huit mois révolus, c'est encore M. Raepsaet qui me force à donner de nouvelles explications, qui me somme en quelque sorte de réintégrer, s'il se peut, dans la plénitude de sa renommée, un honorable et bon pêcheur de Biervliet. J'ai fait toutes les concessions que je croyais raisonnables ; et je suis bien certain que Beuckelz, en introduisant dans une petite ville du Brabant l'art de saler le hareng, n'a jamais pensé que la postérité et le monde savant lui en attribueraient autant de gloire que si, au XV.ᵉ siècle, il avait résolu le problème des marées, ou mis en évidence le système de l'attraction. Ses cendres paisibles n'ambitionnent pas autant d'honneurs.

J'ai produit des preuves ; mais on les a repoussées comme insuffisantes : les raisonnemens que j'ai crus nécessaires pour lier entre eux les faits par une chaîne d'inductions et de conséquences naturelles, on les a rejetés comme des rebelles aux ordres du préteur ; on les a bannis comme des proscrits, artisans du désordre et fauteurs de l'insoumission. Sans doute, c'est d'après le sentiment de sa force, que, de sa propre volonté, M. Raepsaet rentre dans l'arène, pour y ramasser, en quelque sorte, les tronçons épars des lances que nous avons rompues ; mais, qu'il y prenne garde : tout imposant que s'annonce le témoignage de l'histoire, il faut souvent le réduire à sa juste valeur ; et quand il ne se fonde que sur des traditions vulgaires, ce témoignage n'est pas le même que s'il était appuyé sur des actes diploma-

tiques. Je prévois que M. Raepsaet continuera de me dire :
« La gloire de Beuckelz a été proclamée sur le globe entier
» par les cent trompettes de la renommée ; elle s'est main-
» tenue triomphante durant quatre siècles et plus : que
» pourriez-vous m'objecter! » Je lui répondrai bien modes-
tement : « N'allez pas si vîte, Monsieur ; ce n'est pas la pre-
» mière erreur qui ait fait le tour du monde. »

Garant du fait principal que présente ma proposition , je
prends hautement sa défense. Ainsi que M. Raepsaet l'a
consigné dans son mémoire, « Beuckelz est en possession,
» puisque la tradition existe. Or, la possession lui vaut titre
» aussi long-temps qu'elle n'est pas prouvée vicieuse. »

Je trouve le dilemme très-bien établi; mais il ne m'est pas
défendu d'examiner si cette tradition , environnée de l'ignorance des siècles, escortée de l'influence des préjugés et du
prestige des opinions , n'est pas précisément entachée d'un
vice dont l'existence m'a toujours frappé, bien que je n'en
aie jamais fait l'objet d'une discussion sérieuse. J'y procède
aujourd'hui dans l'ordre suivant.

Le premier caractère de toute tradition orale est d'être
unanime , et de traverser une longue suite d'âges sans aucune modification , jusqu'aux temps où l'historien lui con-
fère en quelque sorte le *droit de cité*, en l'admettant comme
élément d'une tradition historique. Eh bien ! je le demande
à M. Raepsaet, si depuis la mort de Beuckelz , arrivée en
1397, jusqu'en 1596, année où Marchantius parle de lui
pour la première fois, et où les vieux livres commencent
à faire mention de sa découverte , je le demande, dis-je ,
si cette tradition s'est conservée pure et vierge.

Ici, il faut bien se garder de confondre la tradition d'un
fait vulgaire avec celle des livres saints. Cette dernière
a pour elle des autorités du premier ordre ; ce n'est pas
une tradition fugitive , exposée à se voir éconduite comme
apocryphe , par le fait seul qu'on la supposerait avoir
transmis des choses qui diffèrent essentiellement de ce que

rapportent les livres. On pourrait m'objecter qu'il y a des miracles auxquels nous croyons par tradition, malgré que tout s'altère avec le temps, même en matière religieuse. Mais je répondrais, 1.º qu'ils sont en bien petit nombre, 2.º qu'à la suite de la tradition orale, et avant d'être imprimés, ils avaient été recueillis dans des manuscrits conservés autographes, jusqu'à leur impression dans les XVI.ᵉ et XVII.ᵉ siècles.

Ainsi, par exemple, quand je lis l'*Histoire des Saints d'Irlande*, j'y vois que l'auteur qui en a rassemblé les actes, a pris le soin de me prévenir que tout ce qu'il rapporte est extrait d'anciens manuscrits : il se garde bien de me parler de traditions ; il n'a pas voulu donner l'éveil à mes scrupules.

D'après les deux volumes de Colganus, je crois dès-lors que S. Mo-Luach, voulant traiter honorablement l'évêque S. Moedoc, fit tuer un veau gras, et qu'informé à temps que ce prélat ne mangeait pas de viande, il fit une prière fervente et transforma sur-le-champ huit tranches de veau en huit poissons. L'auteur ne dit pas s'ils étaient caqués ; mais peu m'importe, puisque je me rappelle très-bien qu'il y a vingt ans, sur plusieurs points de l'Irlande, on ne caquait point encore le hareng. Je crois également que S. Aid convertit aussi de la viande en poisson et même en miel ; que de semblables miracles furent opérés par S. Columban et S. Patrice ; que ce dernier défendait ou ordonnait aux poissons de remonter dans les rivières d'Irlande, selon qu'il était plus ou moins satisfait de l'hospitalité des habitans dont il traversait le pays. Je dois croire à toutes ces choses, parce qu'elles ne sont pas fondées sur une simple tradition orale, mais sur des manuscrits, cités par l'auteur, au bas desquels, à la vérité, S. Patrice et S. Columban n'ont pas mis leur signature.

Mais cette omission n'arrête pas ma foi, comme le vice radical inhérent à la tradition de Biervliet. Quoique j'aie dit que *la prétendue découverte de Beuckelz est devenue une espèce de dogme religieux en matière d'histoire, qu'elle a été adoptée comme vraie par les autres nations, et proclamée dans toutes les langues d'Europe ;* cette déclaration a ses limites, car, aux yeux de ceux qui réfléchissent, l'assentiment de la multitude ne fait pas toujours autorité.

Un oracle dit-il tout ce qu'il semble dire !

Si cela est vrai pour les oracles, il n'en est pas ainsi pour les traditions. Je reproche donc à celle de Biervliet, malgré tout l'éclat de sa renommée, d'avoir induit l'Europe en erreur pendant quatre cents ans. Car, en effet, si Beuckelz a trouvé *l'art de caquer le hareng*, la tradition ne devait pas dire qu'il n'était que l'inventeur de *l'art de le saler*, puisqu'une tradition fidèle transmise des pères aux enfans est chargée de répondre de la vérité des faits ; ou bien, si les historiens qui l'ont admise sans examen, sans information préalable, n'étaient pas des trompeurs, ils étaient au moins des ignorans, qui, à n'en pas douter, sans mauvais dessein, confondirent *l'art de caquer* avec *l'art de saler*. Alors il faudra bien convenir que la tradition écrite ne mérite pas plus de confiance que la tradition orale, et qu'il n'y a que du clinquant où nos yeux croyaient voir de l'or.

Dans l'espèce, la tradition ne dit rien, et l'on n'en connaît rien. D'après ce qu'elle est supposée avoir transmis, les plus anciens historiens nous apprennent que Beuckelz fut le *premier qui sala le hareng*, et le mit en baril, à Biervliet. Ses apologistes modernes soutiennent que le *premier* il *caqua* ce poisson, non pour le profit seul de Biervliet, mais pour l'avantage du monde entier, auquel il donna un grand exemple de son savoir-faire. Par déférence pour sa mémoire, et sans placer la question au-dessus de l'ordre conjectural, je ne suis pas éloigné de croire qu'il trouvra *l'art de le pacquer* ; ce qui certainement n'était pas la pierre philosophale. Je déclare qu'il ne serait pas très-difficile de me prouver que je me trompe dans cette assertion ; et telle est mon impartialité, que j'offre de fournir à tout écrivain, national ou étranger, les matériaux de la contestation, s'il veut prendre à tâche de l'ouvrir, de la suivre, et d'écrire contre moi.

Voyons pourtant ce que disent les historiens, puisque la tradition a fini pour eux au point et là même où l'histoire commence pour nous.

Je n'en connais point de plus ancien que Marchantius (1). Lui et ceux qui l'ont copié nous apprennent seulement que Beuckelz passe pour être le premier qui ait trouvé l'art de saler le hareng et de le mettre en baril (2). Je n'en puis citer qu'un seul qui, deux cents trois ans après la mort de Beuckelz (3), ajoute que les habitans de Biervliet inventèrent l'art de caquer le poisson, pour en assurer la conservation Il ne nomme pas même Beuckelz, quoique

---

(1) Domicilium hìc (Bierfletæ) fixit et morte refixit, anno 1347 Guillielmus Bouclensis, inventor artis stipandi condiendique aleces in cadis salsamentariis. MARCHANTIUS, *Flandriæ comment. libri IV, descriptio*, page 50 (Anvers, 1596); *idem;* SANDERUS, *Flandria illustrata*, tome III, page 263

(2) VAN WAERNEWYK, *De Historie van Belgis*, 139. — (Anvers, 1619). — SVEIRO, parlant de la découverte de Beuckels et des grands avantages qui en ont résulté pour la Flandre, dit aussi : « Para salar y con- » servar en bariles las harenques. » MANUEL SVEIRO, *segunda parte de los anales de Flandes*, page 55. (Anvers, 1624.) — Primus inter Belgas, condiendi et in tonnis conservandi harengi rationem excogitasse *fertur* Guil·lielmus Beukelius.... Nihil detraham viri meritis, illud confessum, salsuras piscium *plurimis sæculis* fuisse cognitas, ip·orumque harengorum condituram multò esse antiquiorem. NEUCRANZIUS, *Exercitatio medica de harengo*, page 74. (Lubeck, 1654.). — Anno 1447, Guillielmus Buecklensis sive Bueckelius, industrius et celeber piscator, primus artem invenit harengas saliendi atque in vasis salsamentariis stipandi; mortuus est Bierflieti in Flandria. SCHOOCKIUS, *Dissertatio de harengis*, page 36. (Groningue, 1649.) — Alldier hat seine Geburts- und Wohnstadt gehabt Wilhem Beukelens, welcher zu eerst erfunden, wie man Hering einsaltzen und anderwerts hin verführen soll, ꝛc. Ausführliche und grund-richtige Beschreibung des fryverennigte Staaten und spannischen Niederlanden, 996. (Francfurt, 1691).

(3) « Ceux de Zirixée furent les premiers qui pescherent le hareng et » l'accommoderent en barriques; ceux de Biervlyet, île de Flandres, qui pre- » mierement inventerent, pour le mieux garder, étant sallé, de l'égorger » et de lui oster les maschoires. » PETIT, *Grande Chronique ancienne et moderne de Hollande, Zélande, &c.*, tome I, page 184 (Dordrecht, 1600).

son ouvrage ait été imprimé à Dordrecht, cité si voisine de la ville de Biervliet. Mais, dira M. Raepsaet, il faut distinguer deux sortes de salaisons : l'une ordinaire et temporaire, c'est la primitive ou l'ancienne ; on y recourut pour faciliter le transport du hareng, qui n'était encore qu'un objet de commerce avec nos voisins : l'autre, plus parfaite, consiste à caquer le poisson, à le préparer en *ton-haring*, à le tasser dans des barils avec un choix scrupuleux et les soins particuliers dont les ordonnances d'Amsterdam prescrivent si rigoureusement l'observation. Cette seconde manière de saler est la découverte de Beuckelz, celle dont la tradition et l'histoire lui font un hommage authentique, celle dont on voudrait vainement lui ravir l'honneur.

Je viens de mettre en opposition l'histoire et la tradition : l'insuffisance de l'une et le vice de l'autre n'ont pas besoin d'être démontrés ; comme elles se contredisent, j'use de mon droit, celui de leur refuser ma confiance. Examinons à présent les inductions, les conséquences trompeuses qu'on en a déduites avec complaisance et vanité ; elles ne soutiendront pas le choc de la critique la moins exigeante.

D'abord, je dois convenir que je n'admets et que je n'admettrai jamais qu'une seule manière de saler le hareng, qu'on a pu rendre plus parfaite ; et j'accorde que les sages réglemens publiés en Hollande depuis 1610, ont véritablement atteint ce but, qui honore l'esprit d'ordre et de persévérance de la nation. Aussi, ont-ils servi de modèle au dernier statut adopté dans le parlement d'Angleterre pour l'amélioration de la pêche (1), et à plusieurs actes du gouvernement qui lui sont antérieurs. Cependant, il ne sera pas inutile d'observer que l'idée principale de ces bons réglemens est empruntée des lois danoises de Waldemar, des statuts d'Édouard I et d'Édouard III, rois d'Angleterre, et notamment des rescrits de la Hanse.

---

(1) RAITHBY, *Statutes of the united Kingdom*, tome VI, page 260.

(25)

Quoique saler et caquer soient deux opérations différentes,
il est naturel de concevoir qu'elles sont appelées à marcher
ensemble ; et l'expérience n'a pas dû tarder à apprendre
que le hareng caqué peut se conserver plus long-temps
que s'il ne l'était pas. Je ne ferai pas d'ailleurs aux anciens
cette injure gratuite, celle de supposer qu'ils ignoraient
que le sel n'attaque point le sang des poissons, ou tout
au moins qu'il ne le pénètre pas au degré nécessaire pour
en comprimer la fermentation. Ceci posé, à mesure que
chaque peuple maritime a fait des pêches plus abondantes,
qui ont multiplié la matière de consommation, de commerce
ou d'échange, il a perfectionné les méthodes, les moyens
les plus propres, soit à la conserver, soit à en améliorer la
condition ; car la pêche est une sorte de manufacture, dont
les produits obtiennent un débit d'autant plus assuré, que
les détails de la préparation en ont été plus soignés. Mais
les premiers résultats du perfectionnement dont je parle
datent de loin et de bien loin, sans doute. Pour s'en convaincre, il suffit d'ouvrir les annales des nations du nord,
les nôtres et celles de nos voisins qui habitent les bords
de la mer.

Depuis l'île d'Helgeland en Norwége jusqu'à celle de
Rugen en Poméranie ; depuis le Jutland en Danemark
jusqu'au-delà de Cherbourg, en suivant la ligne maritime
de la basse Allemagne ; depuis Hastings en Sussex jusqu'à
Newcastle, et, contournant l'Écosse par les Hébrides, jusqu'aux îles de Man, d'Anglesey, &c., &c., tous les pêcheurs établis sur les rivages de l'Océan septentrional faisaient
la pêche du hareng, selon les saisons où s'y présente le
poisson. Il entrait dans le calcul politique des intérêts de
chacun, de faire deux et même trois pêches, pour qu'à tout
événement l'une put suppléer à l'autre, et que l'excédant
devînt une matière d'échange avec les peuples voisins, qui
procurât *argent* contre *poisson*. Dans ces temps où le commerce de luxe n'occupait point un grand nombre de bras,

où les abstinences religieuses étaient scrupuleusement ob-
servées, les pêcheurs n'avaient pas de motifs de pousser
plus loin leur ambition.

Il ne faut donc pas s'étonner si les Hollandais, qui
n'avaient alors ni pêche de baleine, ni compagnie des Indes,
ni banque d'Amsterdam, ni établissemens coloniaux, ni
capitaux placés à Londres, à Vienne, à Berlin, voulurent
partager avec les villes Hanséatiques, dont la main altière
tenait le sceptre de la pêche, une partie des profits immenses
qu'elle donnait à la Confédération. Il ne faut pas s'étonner
si les Hollandais obtinrent des concessions de territoire en
Scanie, s'ils furent l'objet des haines de la Hanse, quoique as-
sociés à sa fortune, si leurs guerres sur mer furent aussi
sanglantes que s'il se fût agi de la possession d'une riche
province. Insensés qu'ils étaient les uns et les autres! ils ne
voyaient pas que, chaque année, leurs dissensions creusaient
de plus en plus leur tombeau, car on ne trouve plus aujourd'hui de ces réunions de bâtimens de pêche, dont le
nombre s'élevait à douze et quinze cents, sous le pavillon
d'une même nation ; il n'est pas probable que le même
spectacle se reproduise jamais sur aucun point du globe,
excepté peut-être quand l'Amérique aura expulsé l'Europe
du banc de Terre-Neuve, et elle y marche à grand pas.

Les Hollandais, ai-je dit, allaient pêcher en Scanie :
M. Raepsaet pense que je pourrais bien me tromper sur ce
point. De ce que les Hollandais et les Flamands salaient chez
eux du hareng pris sur leurs propres côtes, il conclut qu'ils
n'avaient pas besoin d'en aller saler à Skanor et à Falsterbo.

J'observerai, en passant, qu'il était bien inutile à M. Raepsaet de me citer une à deux chartes de la province de Flandre,
pour me prouver qu'aux XII.ᵉ et XIII.ᵉ siècles, on y pêchait
le hareng sur les côtes mêmes, et que la salaison y était en
pleine activité. Je possède plus de deux cents chartes semblables qui concernent les diverses contrées du nord de l'Europe : je n'ignore pas plus ce qui s'y faisait alors, que je ne dois

ignorer ce qui s'y pratique aujourd'hui : au surplus, je crois deviner le motif secret de ces citations. M. Raepsaet a prévu que s'il me laissait entrer dans le développement des preuves dont j'argumente , il fallait renoncer à l'idée de cette salaison temporaire, qui, dans son système , a précédé l'invention mémorable de Beuckelz. Il a très-bien senti que des harengs pêchés en Scanie, dont chaque last était soumis à des droits de Sund, ne pouvaient se transporter qu'en tonneaux; il a craint de se voir attaqué avec des diplomes antérieurs à 1340, qui sont en général de meilleures armes que des traditions et des histoires. Aussi n'a-t-il point hésité à me dire : «Les Hollandais et les Flamands n'avaient pas besoin d'aller chercher si loin ce qu'ils avaient si près d'eux. »

Je conviens que les Flamands et les Hollandais n'avaient pas un besoin absolu d'aller en Scanie. Cependant, quand j'y réfléchis , je trouve que les mêmes hommes qu'on suppose avoir dû se contenter d'une pèche faite à la vue des dunes littorales de leur territoire, n'en firent pas moins de grands efforts pour être admis à cette pêche lointaine, qui exigeait une navigation de deux cents lieues et plus, et dont ils pouvaient, dit-on , se passer. Ils ne furent arrêtés ni par la longueur du trajet, ni par la nécessité de saler complétement le hareng et de le rapporter en baril, *ton-haring*, comme si Beuckelz eût déjà vécu.

M. Raepsaet doit avoir connaissance de l'établissement de pêche que la ville de Campen obtint en Scanie, vers la fin du XIII.ᵉ siècle. Il ne peut ignorer qu'en 1316, 1324, 1326, Deventer, Harderwick et Staveren (1) jouirent d'une même concession; que, dans le cours du même siècle, Amsterdam, Hindelopen, la Brille et Wieringen sollicitèrent avec succès la même faveur. Les titres de ces derniers priviléges se trouvent en plein texte dans la collection

---

(1) Schrasser, Beſchryving der Stadt Harderwyck. 199.

diplomatique de Mieris (1) ; et dans un autre acte du même recueil, il est question de hareng de Scanie (2) [*Schoensche harinc*], sous la date de 1357. Sans doute, la plus belle des traditions ne vaut pas ces chartes, quand c'est la Hollande elle-même qui les fournit ; elle ne vaut pas une disposition de l'arrêté de l'assemblée Hanséatique, tenue à Lubeck en 1371, dont Sartorius nous a conservé la teneur, ni celle où il est dit, en 1378, que les avoués de la Hanse, *Hansisches vogten*, ne doivent prendre sous leur protection aucun Anglais, Brabançon, Gallois, et autre étranger à la nation allemande (3). Mais passons outre, et suivons M. Raepsaet dans une des propositions qu'il affectionne le plus. L'ancienne salaison ne consistait qu'en une saumure ordinaire et temporaire ; c'est depuis Beuckelz seulement que les pêcheurs sont initiés aux utiles mystères d'une salaison plus parfaite, car, à sa faveur, les harengs peuvent être expédiés pour toutes les parties du monde, &c. &c. ; ce qui certainement n'est pas vrai.

En reconnaissant que cette *saumure temporaire* était suffisante pour la conservation du hareng pêché et consommé à peu de distance des ports de mer, en était-il donc ainsi pour le poisson qui avait un long trajet à faire, ou qu'il était besoin de prémunir contre la corruption, jusqu'à la fin du carême ?

Lorsqu'en 1187, sous Louis le Jeune, des harengs

---

(1) MIERIS, Groot-Charter-Boeck van Holland, 2e. III, pag. 229-232.

(2) *Idem*, III, 28.

(3) Jeder Hanfische Vogt soll den Zoll von denen die auf seiner Vitte liegen, einfordern, so wie auch von den Fremden, als Engländern, Flämmingern, Brabántern, die zur Hanfe nich hören und auf den Vitten nicht liegen.... Kein Vogt soll auf den Vitten einen Engländer, Brabánter, Walen oder andere undeutsche vertheidiger. SARTORIUS, Geschichte des Hanseatischen Bundes. II, pag. 406-408.

salés étaient transportés de Rouen à Paris par des bateaux qui remontaient la Seine (1), il faut bien admettre que ces harengs étaient en baril, et qu'ils avaient reçu une autre préparation que de la *saumure temporaire :* autrement, ils auraient apporté la peste dans la capitale ; on n'y aurait pas trouvé autant de médecins et de pharmaciens qu'à présent, pour en arrêter les progrès. Malgré que le service de la navigation soit aujourd'hui mieux combiné, quelque diligence qu'on mette dans l'expédition, il faut presque toujours un mois pour qu'un leth de hareng, venant de Dieppe ou de Fécamp, parvienne à Paris ; et du poisson salé débarqué n'est encore ni vendu, ni consommé.

Lorsqu'en 1253, Jean I.er, marquis de Brandebourg (2), exempte Francfort - sur - l'Oder des droits de tonlieu que réclamait le fisc du prince sur le hareng salé qui venait de Scanie, un poisson qui n'aurait reçu qu'une *saumure temporaire* se serait vu rejeté de la table des habitans, qui n'entendaient pas faire venir de si loin et à si grands frais du fumier pour l'engrais de leurs terres!

Lorsqu'en 1276, les marchands de Campen, de Swoll, de Deventer, &c. &c., obtinrent de Florent, comte de Hollande, la permission d'importer à Dordrecht (3) le hareng salé qu'ils déchargeaient précédemment au port de l'Écluse, pense-t-on aussi que ce poisson, qui venait également de Scanie, exposé à rester long-temps en mer, n'avait reçu qu'une *saumure temporaire !*

Lorsqu'en 1282, Éric, roi de Norwége, fixait les droits domaniaux (4) que les bâtimens de Brême paieraient

---

(1) *Ordonnances des rois de France,* tome XII, page 287.

(2) GERCKEN, *Codex diplomaticus Brandenburgensis,* tome VI, page 564.

(3) MIERIS, Groot-Charter-Boeck van Holland, cc. I, 384.

(4) CASSEL, Nachricht von einigen Freiheits-Briefen, welche der Stadt Bremen zur Beförderung ihrer Handlung im dreyzehnten Jahrhundert ertheilet worden. 13.

pour jouir de la liberté de pêcher le hareng sur les côtes de son royaume, croira-t-on que les pêcheurs étaient assez mal conseillés pour donner à ce poisson une simple *saumure temporaire*, quand, forcés par des vents contraires de rester sur les côtes de Norwége, ils étaient incertains de l'époque du retour, et de la durée de la navigation qui les ramènerait à Brême !

Lorsqu'en 1313, Jean, duc de Loraine et de Brabant, permit aux villes de la Hanse, d'importer à Anvers (1) le hareng de leur pêche en Scanie, est-il présumable que les pêcheurs de Lubeck et de Hambourg, qui avaient une navigation de deux à trois cents lieues à parcourir, auraient été suffisamment rassurés sur la qualité d'un poisson salé en automne pour être consommé en hiver, qui n'aurait eu d'autre passe-port que de la *saumure temporaire*, bien qu'il dût s'attendre à éprouver, sur le marché d'Anvers, la concurrence du hareng de Flandre !

Le hareng, qui ne trouve plus guère de consommation que dans la modeste cuisine du pauvre, figurait, dans les premiers siècles du moyen âge, sur la table des souverains, des princes, des grands de chaque royaume. Il était compté au nombre des approvisionnemens des flottes, des armées, des villes, des maisons religieuses, avant que le nom de Beuckelz eût franchi la banlieue de Biervliet. La pêche de tout le nord suffisait à peine aux besoins de l'Europe. Si le hareng, soumis à une préparation temporaire et salé seulement pour la facilité de son transport, n'eût pu être conservé qu'un à deux mois, par exemple, le but politique et religieux d'une pêche qui occupait tant de bras, qui donnait tant de produits, qui était le sujet de tant de rivalités, eût été manqué, par le fait seul d'une salaison insuffisante,

---

(1) WILLEBRAND , Privilegia, Abſcheide , Verord-
nungen, etc. des Deutſchen Hanſa, 15.

et telle enfin que n'auraient voulu la donner au hareng les peuples à demi barbares qui habitaient les bords de la Baltique au X.ᵉ siècle.

La piété des rois d'Angleterre, des ducs de Normandie, des comtes de Flandre et de plusieurs autres princes, les porta souvent à faire des donations de quatre, de dix, de vingt milliers de harengs à des monastères. Si ces poissons eussent été trop légèrement salés, qu'auraient fait les moines et les religieuses de cette quantité de poissons, qu'ils n'auraient pu ni conserver, ni consommer!

La règle diététique la plus commune dans les réfectoires, était de donner, pendant les jours de chaque semaine de l'Avent, trois harengs à chaque religieuse, et quatre de ces poissons tant que durait le carême. Je prends cet exemple dans ce qui se pratiquait à Barking, monastère du comté de Sussex (1). Si, dans le carême, on en mangeait tous les jours, encore fallait-il qu'ils fussent de bonne qualité. L'excédant était destiné pour les pauvres, je le sais ; mais comment concevoir que la charité n'eût pas rougi d'offrir à l'indigence un aliment aussi malsain que peut l'être du poisson mal salé.

On faisait saurer du hareng, dès le IX.ᵉ siècle, en Angleterre, sous les rois anglo-saxons. Dugdale nous en a aussi conservé les preuves. Durant le carême on en mangeait dans les monastères. Or, pour que le hareng sauré se conservât jusqu'aux approches du printemps, il était indispensable de le saler fortement, avant de le soumettre à l'action de la fumée ; sans cette précaution salutaire, commandée par l'expérience, le hareng se serait corrompu, ainsi qu'il arriverait à la viande, si, d'une main avare, on se contentait de la saupoudrer de sel. Les écrivains qui n'ont appris que dans les livres les détails des manipulations di-

---

(1) DUGDALE, *Monasticon anglicanum*, tome I, page 82.

verses que reçoit le poisson sec ou salé, n'en composent pas moins, il est vrai, de beaux discours et de longs mémoires. Dans l'opinion des habitans des ports de mer, leur présomption ne le cède guère qu'à leur ignorance. Ils n'ont pas le pied sur leur terrain, et ils veulent jouer le rôle de dominateurs du sol et de l'opinion; leurs arrêtés sont loin d'être ceux de l'aréopage, et cependant ils en demandent l'exécution, comme si un sénat suprême les eut prononcés. Il est de fait que, sur cette matière, le dernier saleur de harengs à Yarmouth en Angleterre, à Maas-Sluys en Hollande, à Boulogne en France, en sait bien davantage que tous les écrivains de l'Europe. Quant à moi, qui m'abstiens de les juger avec la même sévérité, quelque juste qu'elle soit à beaucoup d'égards, je me contente de les comparer très-rondement à des astronomes qui descendent dans un souterrain obscur, lorsque les télescopes sont établis sur la tour d'observation, ou qui s'attachent tout au plus à reconnaître les étoiles errantes et laissent de côté les constellations et les étoiles fixes.

Les pêcheurs et les marchands de harengs, dont le nombre excédait plus de cent milliers dans le nord de l'Europe, auraient bien mal entendu leurs intérêts, si, à leur propre préjudice, ils s'étaient montrés économes de sel, par exemple, denrée qu'ils pouvaient toujours se procurer à très-bas prix, car il n'y avait point de gabelles, le prix du sel et le droit du fisc s'acquittaient presque par-tout à la saline même. Auraient-ils voulu, pour un gain sans importance, décréditer un commerce qui fournissait aux besoins de leurs familles, et par une spéculation reprochable, dont les derniers temps ont à la vérité fourni l'exemple, se priver volontairement des profits annuels d'une pêche qui était tout ensemble la plus facile et la moins dispendieuse!

Ce n'étaient pas seulement les monastères, les villes, les armées et les flottes, qui faisaient une grande consommation de hareng; on servait ce poisson sur la table des rois, et l'influence de cet exemple n'était pas sans résultat. Je connais un ordre de Henri III, roi d'Angleterre, adressé au shériff de Norfolk, qui le charge d'acheter cinq leths de ce poisson, lesquels répondent à cinquante barils, pour l'usage des officiers de son palais à Westminster. Je me rappelle d'ailleurs que, dans le dépôt de la tour de Londres, il y a beaucoup de rôles ou *writs* relatifs au hareng, expédiés notamment sous le règne de Jean Sans-terre. On ne me persuadera jamais que des harengs salés, achetés pour la maison d'un roi de la Grande-Bretagne, n'avaient reçu qu'une *saumure temporaire*, destinée seulement à en faciliter le transport depuis Yarmouth jusqu'à Westminster; ou bien il faut que je trouve dans l'*Histoire des usages et des coutumes de la nation*, que les officiers du prince mangeaient du hareng à tous les repas, durant un mois et plus. Il faut me prouver en outre qu'en Angleterre on pêchait le hareng jusqu'à la mi-carême, pour qu'à Westminster on pût le manger bon et sain, conservé dans sa *saumure temporaire*, jusqu'au jour de la veille de Pâque.

A la vérité, et de mon propre mouvement, je vais fournir à M. Raepsaet contre moi un argument dont il n'a certainement pas l'idée. L'auteur de l'*Histoire du commerce*, en anglais, Anderson, dont l'autorité vaut bien celle de MM. Lamare et Catz, observe, à l'occasion du statut de 1357 publié par Édouard III, qu'il ne résulte pas des expressions de cet acte que le hareng fût alors salé en baril, comme aujourdhui, *pickled or salted herrings wet in barrels ;* il pense que d'après le genre de préparation que les Anglais donnaient à ce poisson, il ne pouvait être converti qu'en hareng sauré (1). Mais, plus bas, ce judicieux

____

(1) Yet it does not clearty appear from any words in those statutes (acts of 1357, 1360), that at this time there were any pickled or salted herrings wet in barrels; for the fresh herrings above mentionned, seem only opposed to herrings salted to be made into red herrings. ANDERSON's

C

écrivain s'aperçoit qu'il s'est trompé ; il se corrige lui-même, et ajoute que le concours de tant de bâtimens qui se rendaient à Yarmouth, en 1306, 1310, 1338 et 1360, annonce que ce poisson n'était seulement pas salé pour être sauré, mais bien qu'il était salé en baril, quoique probablement il ne fût pas *saumuré* et caqué, *gilled,* d'une manière aussi délicate ou aussi parfaite que de nos jours.

Anderson incline à soupçonner que les réglemens publiés pour la police de la pêche à Yarmouth, antérieurs à l'invention de Beuckelz, purent donner à ce pêcheur étranger l'idée de faire mieux que les Anglais. Cette présomption n'a pas le cachet de l'orgueil insulaire ; et, suivant moi, elle honore beaucoup le caractère loyal d'Anderson. Il n'en a pas dit davantage ; et il en eût dit beaucoup moins, s'il avait eu connaissance des institutions de police des villes hanséatiques, d'une foule de chartes conservées dans les archives particulières des villes du nord, et sur-tout des actes des rois de France, dont le texte devient une matière de contestation entre M. Raepsaet et moi.

M. Raepsaet ne rejette pas ces actes, mais il en divise la proposition, il en atténue les termes, en voulant leur donner une acception qu'ils n'ont pas, tandis qu'il m'accuse de leur conserver celle qu'ils doivent avoir. Examinons maintenant si j'ai pu me tromper.

Tonnel de caque hareng, expression qui se trouve dans l'ordonnance de 1337, répond pour moi à *tonnel de hareng caqué.* De même qu'en Angleterre on disait *pickel herring,* en Hollande, *peckel haring,* on disait en France *caque hareng,* pour *hareng caqué* (l'adjectif précédait le substantif), ainsi que nous disons encore *vertes* prairies, *charmantes* fleurs, *sombres* forêts, &c. &c. On me force d'entrer dans une dis-

---

Historical and cronological deduction of the origine of Commerce, tome I, page 189...... But where salted and barelled up wet, though probably not pickled and gilled in so nice a manner as in our days. Tome I, page 222.

cussion de langue et de grammaire, qui, malheureusement pour moi, est absolument étrangère à mes connaissances, comme pêcheur. Mais où M. Raepsaet a-t-il vu que les *é* fermés fussent accentués dans les ordonnances royaux de France, des XI.ᵉ, XII.ᵉ, XIII.ᵉ et XIV.ᵉ siècles! Où a-t-il vu même qu'ils le fussent dans ceux des manuscrits historiques qui ne précèdent que de vingt à trente années la découverte de l'imprimerie! Je serais fort curieux de voir dans un de ces manuscrits des accens circonflexes, aigus ou graves, des *l'*, des *d'*, qui expriment l'élision d'une des deux voyelles, et même des points sur les *i*, signes généraux et particuliers, signes de convention, selon les principes de la langue qui les admet, mais dont en France, au moins, l'emploi est généralement inconnu dans les actes du moyen âge.

Je vais, dans un instant, faire sentir la distinction qui existe entre la *caque* et le hareng *caqué*. Ce n'est pas une de ces questions qu'il m'arrive d'évincer *rondement*; je n'en use ainsi que pour les propositions auxquelles je n'accorde ni considération ni importance. Dans le XIV.ᵉ siècle, époque de la publication de l'ordonnance de 1337, on écrivait en France *piete* pour *piété*, *verite* pour *vérité*, et, dès-lors, *caque* pour *caqué*. M. de Laurière a suivi l'orthographe du temps, il a dû s'y conformer. Il aurait pu, à la rigueur, et sans encourir de reproche, s'assujettir même aux abréviations sans nombre que présentent les manuscrits des archives du Roi : il a craint de ne pas être entendu ; il ne faut pas l'en blâmer. Ce n'est pas pour le vulgaire que Dom Mabillon a fait imprimer sa *Diplomatique* et sa *Paléographie*; Dom de Vaine, son *Dictionnaire raisonné de diplomatique* ; ou que la société royale de Londres a publié le *Domesday*, le terrier de la conquête de l'Angleterre par les Normands, le cadastre le plus ancien de l'Europe.

Caque signifie *tonneau*, long-temps avant Beuckelz, Philippe VI et le roi Jean ; cela est vrai. On disait alors *caque* de hareng et *caque* hareng. Le premier terme exprimait un baril; le second, un poisson *caqué*. Que la chose eût lieu par métonymie, cela est possible; la même confusion se trouve dans plus de cent noms différens, suivant l'acception qu'on leur donnait au XIV.ᵉ siècle. Aujourd'hui, ne dit-on pas un *Rubens*, un *Vernet*, pour signifier des tableaux sortis du pinceau de ces grands maîtres! ne dit-on pas qu'un homme aime la bouteille, ce qui doit s'entendre du vin qu'elle contient; ou qu'il a paru trente voiles devant le port de Toulon, ou qu'il est arrivé à Grenoble deux cents cavaliers! Certainement ces voiles expriment des bâtimens; et ces cavaliers, des hommes et des chevaux : on emploie ces diverses expressions, même dans le style noble, par métonymie ou synecdoche. Enfin, on dit une *orléanaise*, une *mâconaise*, pour exprimer des pièces qui contiennent du vin d'Orléans ou de Mâcon. Si j'avais vécu au XIV.ᵉ siècle, j'en saurais davantage; mais ceux qui élèvent la question n'en savent pas plus que moi.

Je n'ajouterai qu'une petite observation; mais qui, toute petite qu'elle soit, la décide péremptoirement, cette question.

Dans le *Songe du vieil pelerin*, roman historique manuscrit du XIV.ᵉ siècle, composé en 1389 par Philippe de Maizières, je trouve les détails du voyage qu'il avait fait en Prusse, environ vingt ans auparavant. Je vais humblement reproduire ses expressions.

Philippe de Maizières, racontant tout ce qu'il a vu de la pêche du hareng, en passant le Sund pour gagner la Baltique, observe « qu'outre les XL mil basteaux (occupés à la pêche, » et dont il vient de parler), y a V. c. grosses et moyennes » nefs, qui ne font autre chose que recueillir et saler en » *quaques* les harencs que les XL mil basteaux preignent. » Là, bien certainement, *quaque* signifie baril. Il ajoute ensuite : » Ils emplissent les grosses nefs de harencs *quaques*. » Ici, *quaque* exprime au contraire un poisson caqué. Il est dès-lors bien évident que, dans le XIV.ᵉ siècle, le mot de *caque* ou *quaque*, toujours sans accent, rendait l'idée de deux choses différentes ; de même que *navie* et *nave* signifiaient tantôt un *navire* et tantôt une *flotte* ou une *escadre*. Ainsi, quand je lis, dans l'ordonnance de 1337, *tonnel de caque hareng*, je ne puis, sur ma conscience, entendre *tonnel de tonneau ;* ce serait une valeur de terme qui entacherait l'ordonnance d'un ridicule absolu, et le ministre du roi d'une ignorance impardonnable, ce que ne méritent ni l'un ni l'autre. *Tonnel* n'a jamais pu signifier une fraction de tonneau qui en eût représenté le quart, le tiers ou la moitié. On disait alors *fardel* pour *fardeau*, *ruissel* pour *ruisseau*, *damoisel* pour *damoiseau*, *oisel* pour *oiseau*, *martel* pour *marteau*, &c. Pourquoi n'aurait-on pas dit *tonnel* pour *tonneau !* Est-ce que le mot *tonnelier* a un autre radical !

M. Raepsaet ferme l'oreille à toutes ces raisons. Beuckelz est l'inventeur de l'art de caquer le hareng, dit-il ; le *ton-haring* est le véritable hareng caqué, mis en baril, saumuré par lui. Je le prouve par mes actes, qui valent bien les vôtres : qu'avez vous à répondre !

Je répéterai encore une fois : « Monsieur, n'allez pas si
» vîte. Déjà vous avec cessé de prétendre que l'empereur
» Charles-Quint avait anobli Beuckelz. Au moins vous n'en
» parlez plus. Vous avez très-bien senti que les papes pou-
» vaient canoniser un saint, deux à trois siècles après sa
» mort, mais vous avec réfléchi que les rois n'anoblissent
» pas un de leurs sujets, cent cinquante ans après qu'il a
» été enterré. Vous m'avez aussi accordé que le nom de
» *peckel haring* ne faisait aucune allusion à celui de Beuckelz ;
» au moins cette prétention ne se reproduit-elle plus dans
» votre second écrit. Ne perdez pas de vue que la gloire du
» pêcheur de Biervliet ne consiste point à ce qu'il soit placé
» sur un trône de sel, en Hollande sur-tout, dont j'ai trouvé
» le climat si humide. Au mépris de toute probabilité, vous
» voulez qu'il soit l'inventeur suprême du *ton-haring*, dont
» vous me parlez pour la première fois. Je ne partage pas
» cette opinion, et je suis obligé de dire qu'à force de

» vouloir plaider sa cause, vous ne réussissez qu'à la des-
» servir. »

Oui, vraisemblablement, Beuckelz a, le premier, salé le
hareng à Biervliet; peut-être même l'y a-t-il caqué et saumuré dans toutes les formes : je suis loin de nier cela. Il est
en effet probable que la tradition orale est la transmission
d'un fait vrai : mais ce fait lui-même doit s'entendre de ce
que, Biervliet n'étant pas un port de mer proprement dit,
comme le sont Nieuport, Ostende, Hoorn, Enckhuysen,
ce pêcheur fut le premier qui suggéra à ses concitoyens
l'idée de pêcher et de saler le hareng. J'adopte à cet égard
la supposition la plus favorable ; mais, en admettant qu'elle
soit fondée, tout le monde conviendra qu'introduire à
Biervliet, petite ville de Flandre sur l'Escaut, la méthode de
saler et de caquer le hareng, que trouver ensuite le procédé
de le pacquer (ce que j'accorde sans garantie), ne sont pas
des actes qui méritent les honneurs du triomphe ni même
ceux de l'ovation.

J'admets pour un instant que *ton-haring* soit l'équivalent
de *tonnel de caque hareng* : il se présente au moins une petite
difficulté, qui a besoin d'être levée pour l'honneur de ma
concession, et par une réciprocité de bons offices que j'ai le
droit de réclamer.

L'inventeur prétendu de cette préparation parfaite, subs-
tituée par lui à la *saumure temporaire*, cet inventeur que
M. Raepsaet couronne de toutes les palmes de la gloire,
Beuckelz enfin, mort en 1397, est né en 1340. Comment
se fait-il que je trouve dès 1315 et 1340 l'expression de
ton-haring, 1.° dans une charte accordée aux villes hanséatiques par un duc de Brabant (1), qui leur permit d'introduire
dans ses états du hareng de la pêche de Scanie, sous la simple

---

(1) Pro qualibet tunna alecis, duos denarios tnr. nigr. VILLEBRANDT,
Privilegia, Abscheide, Berordnungen, ꝛc., des Deutschen
Hansa, 15.

obligation d'acquitter un droit modique ; 2.º dans une autre charte (1) qui ne leur impose pas d'autre condition ; et enfin dans un troisième diplome de 1358, qui s'exprime dans les mêmes termes (2). N'en déplaise à la renommée, j'ai beau lire les chartes et les ordonnances postérieures, je ne retrouve plus le *ton-haring* que dans l'ouvrage de Waernewyck (3) imprimé en 1619, cent quatre-vingt-deux ans après la mort de Beuckelz ; car le placard hollandais de 1580 parle des barils, comme enveloppes du poisson, et sous le rapport de leur jauge légale ; rien dans ce placard et ceux qui lui succèdent, ne concerne l'invention du *ton-haring*, dont un sentiment de reconnaissance bien naturel eût fait honneur à Beuckelz, s'il avait mérité cet hommage.

Ainsi il demeure constant, 1.º que le *ton-haring* était connu en Hollande et en Flandre dès 1313, 1340, 1358 ; 2.º que ce poisson, salé, saumuré, comme il doit toujours l'être, était importé dans ces contrées par des marchands étrangers qui l'avaient pêché en Scanie, le principal fond de pêche qu'ils fréquentaient alors. Il est bien force de conclure de ces actes que Beuckelz n'a pu inventer la préparation du *ton-haring* avant même d'être né : si cela était, je rendrais les armes ; ce ne serait plus simplement un prodige d'industrie, supérieur au prodige de mémoire de Pic de la Mirandole, qui, à l'âge de quinze ans, soutenait des thèses en sept langues différentes, mais un miracle tel, que nul homme vivant n'en a encore lu de semblable dans aucun livre imprimé.

Je ne pousserai pas plus loin la démonstration ; je pose

---

(1) Van elke Tonne-Harings, twie Pennigs Hollants. MIERIS, Groot-Charter-Boeck van Holland, ꝛc. II. 637.

(2) Van elke Tonne-Harings, die tot Emelisse coemt, enen enggelschen Pennig. MIERIS, III, 68.

(3) WAERNEWICK, Historie van Belgis, 139.

seulement le dilemme de M. Raepsaet en d'autres termes :
« La salaison du hareng, dans les XII.ᵉ et XIII.ᵉ siècles, était
» la même que celle qui est attribuée à Beuckelz, elle n'a
» pas changé; donc le *ton-haring* était connu. » Qui peut
douter, en effet, que la préparation du poisson ne dût être
alors aussi parfaite que l'exigeaient les besoins d'une consommation immense ! et, sur ce point, qui oserait se montrer assez
hardi pour soutenir que nos ancêtres en savaient moins que
nous ! N'accusons pas la Providence de les avoir fait naître
avant 1340, comme pour les priver du plaisir de manger
du hareng pec. Je n'ignore pas que, depuis cette époque, il
s'est introduit dans la société bien des jouissances inconnues
jusqu'alors. Il n'y avait en France ni cafés, ni cabriolets, ni
montagnes russes; on buvait du vin de Surène, on n'avait
pas de vin de Madère; on tremblait la fièvre, le Pérou
n'était pas découvert, il ne fournissait pas de kinkina; on
avait la petite vérole, on ne connaissait point la vaccine;
on mourait sans avoir appris à lire, on a aujourd'hui l'ensei-
gnement mutuel, &c. : mais le hareng pec n'a jamais manqué
aux Européens du XIII.ᵉ siècle.

M. Raepsaet me force d'entrer dans une discussion sur
les lasts, les caques, les pignons, les milliers, &c., qui est fort
oiseuse en elle-même, et absolument étrangère à la question.
Elle ne mérite donc pas une explication sérieuse; aussi
vais-je la lui donner la plus courte qu'il se pourra.

Depuis le IX.ᵉ siècle jusqu'au XIV.ᵉ, et de là jusqu'à nos
jours, le hareng a été compté par last (en France, nous
disons *leth*). Ce terme se trouve employé dans les droits du
Sund, les plus anciens que je connaisse; il l'est également
dans plus de deux cents actes différens. Je ne prendrai mes
preuves que dans ceux de la Hollande; je laisserai de côté
les actes du nord, beaucoup plus nombreux. Quant à l'Angleterre et à la France, elles avaient la même manière de
compter, ce qu'il me sera facile d'expliquer en peu de
mots.

Dès 1276, on comptait par last en Hollande (1); on comptait aussi par tonne et par taele. Le mot *caque* ne se trouve dans aucun des actes que j'ai consultés ; et, en matière de réglemens de pêche, je crois les connaître presque tous. Dans aucun d'eux je ne rencontre le mot *millier,* pour exprimer une quantité donnée de poisson.

En France, en Angleterre, au contraire, on comptait par last et millier, par tonnel, caque et baril : ces trois derniers mots représentaient une seule et même chose, sauf quelques exceptions locales sur lesquelles il serait difficile de bien s'entendre ; car nous sommes trop loin des temps, pour avoir à cet égard des notions positives. Il y avait aussi des mesures de capacité, telles que la moise ; mais ce n'était pas, dans le commerce, une manière de compter, et la moise semble avoir été restreinte à la seule livraison du poisson dans les ports. Je ne connais du moins qu'un seul exemple qui fasse exception.

Conquérans de l'Angleterre, lorsque les Normands lui eurent imposé leurs lois, ils y firent prévaloir leurs usages, leurs coutumes ; et l'Angleterre fut considérée par eux comme une province annexée au duché de Normandie, telle que le furent, en différens temps, le Maine, l'Anjou et la Bretagne elle-même. La quotité du last ne varia point en Angleterre après la conquête. Suivant le système des poids et mesures adopté, consacré dans le nord, depuis les temps les plus anciens, le last continua d'être divisé par dix milliers ; aujourd'hui même, il n'en est pas autrement. Chaque millier

______

(1) Van elker laſt Haerink, twe Penninge engelſche van Tolne. MIERIS, Groot-Charter-Boeck van Holland, I. 385. — Van eenen Schepe Harinks, twintig Haringen, en van elker laſt Harings vier grooten kuels. *Idem* II, 46. — Van eenre laſi Heringes, ſes brabanſches. — *Idem* II, 743. — Elke laſt Harings. — XVIII den. *Idem* III, 146.

contenait dix cents, et chaque cent contenait six vingts (1); ainsi , chaque millier de hareng répondait à douze cents poissons.

Quand on trouve le mot *millier* dans les ordonnances des rois de France et d'Angleterre , il faut entendre un baril qui contenait douze cents harengs, ou la dixième partie d'un last. Ce qu'on transportait en brouette , en pignon , &c. , doit s'entendre du hareng frais ou du hareng *poudré* (simplement couvert de sel, comme on le pratique pour la sardine , que les chasse-marées portent à Nantes, à Rochefort, &c.). Mais le hareng vendu comme millier était en caque ou baril. Si une ordonnance d'un roi de France prescrit de le faire compter, si elle institue des préposés à cet égard , j'en conclus seulement que les fraudes, si communes dans ce genre de commerce, avaient provoqué la mesure. Je n'en reste pas moins persuadé que baril, caque ou millier, sont une seule et même chose; que le hareng contenu dans cette caque et dont le nombre est exprimé par ce millier, était caqué, saumuré, et pacqué peut-être , car il n'est guère facile de faire entrer douze cents poissons dans un baril, à moins que le hareng ne soit mis en lits et pressé. Toutes les donations de poisson faites aux monastères signifient des barils , quoiqu'elles ne parlent que de milliers. Ces locutions , extrêmement variées dans toutes les langues , s'y conserveront long-temps. Elles ne s'appliquent pas seulement au commerce de poisson , mais à une foule de choses très-étrangères à cette branche d'industrie. Est-ce qu'en 1356, quand le Languedoc fournit au roi une aide de

---

(1) Last continet decem milliaria (allecium), et quodlibet milliare continet X. C., et quodlibet C. continet VI. XX. *Tractatus de ponderibus et mensuris in Anglia*, *anno 31 Eduardi I.* CAY's *Statutes at large &c.* tome I, page 156. Cette division du last par milliers se trouve relatée dans le célèbre statut d'Édouard III, en 1357: « Et soit le cent de hareng à compte » par $_{VI.}^{XX}$ et le last par $_{X.}^{M}$ et que les marchantz de Jerneumuthe, de Loundres » et aillours vendent le mill de harang au poeple, solonc lafferaut du pris » du last. » CAY's *Statutes at large, &c.* tome I, page 305.

5000 *glaives*, par exemple, cette expression ne signifie pas cinq mille hommes, dont chacun doit posséder deux chevaux et ne combattre qu'avec l'épée ! est-ce que, sous Henri IV, on ne disait pas indifféremment *cent vingt hommes de cavalerie* ou une *cornette de cavalerie!* est-ce qu'aujourd'hui soixante aunes de drap ne représentent pas une pièce, et cent livres de fer ne répondent pas à un quintal!

Quant à définir ce qu'on entendait par *pignon*, mes faibles lumières ne s'étendent pas jusque-là. Ducange, Charpentier, Rochefort, ont pu dire que c'était une mesure; si, d'une part, je n'accorde point qu'il en fût ainsi, de l'autre je n'ai pas de raisons pour le nier. M. Raepsaet, qui, à l'exemple des anciens habitans du nord, me propose une énigme en archéologie, telle qu'ils s'en envoyaient dans de petits pâtés, *gata*, dont nous avons fait gâteau, suppose sans doute que je suis un Wormius, un Spelman, un Wilkins, un de ces hommes enfin qui peuvent tout expliquer, parce que la science leur a ouvert tous les trésors de son domaine. Mais il n'en est pas ainsi ; je proteste hautement de mon ignorance. Dès-lors, je n'ai rien à répondre, sinon que le pignon eût-il été mesure de capacité ou simple enveloppe de transport, fabriquée en paille, en osier, en bois, &c., le pignon est absolument étranger à la prétendue découverte de Beuckelz. C'est le rapport de la caque au last, et l'assimilation du millier à la caque ou baril, qu'il importait seuls d'examiner.

Ferai-je un résumé de l'exposé qui précède! — Il n'est certainement pas nécessaire : cependant comme l'analyse d'une proposition n'est pas sans avantage, je vais la faire très-courte, en reprenant les quatre objections principales de M. Raepsaet.

« Ce n'est pas, dit-il, *l'art de saler le hareng* dont la tra-
» dition attribue l'invention précieuse à Guillaume Beuckelz
» de Biervliet, mais bien *l'art de le caquer.* »

Réponse. L'assertion n'est point exacte : 1.° la tradition n'est point connue; 2.° il n'existe pas un seul ouvrage du temps qui parle de *l'art de caquer*, bien que les ouvrages du temps soient réputés dépositaires de la tradition.

« —Avant Beuckelz, on ne connaissait, pour la conser-
» vation du hareng, qu'une *saumure temporaire*, propre à en
» faciliter le transport chez nos voisins : c'est Beuckelz qui
» a trouvé *l'art de caquer* le poisson, et de lui donner une
» saumure qui permît de le conserver long-temps et de
» l'expédier en *ton-haring* dans toutes les parties du monde. »

Réponse. La proposition est fausse : Beuckelz est né en 1340, date présumée la plus ancienne de sa naissance, et les chartes de la Hollande font mention du *ton-haring* dès 1313.

« — M. Noël n'a réussi à prouver, ni par les actes du
» temps, ni par des argumens quelconques, que la tradition
» relative à l'invention de Beuckelz est populaire et fabu-
» leuse ; il n'a pas même fourni un seul moyen pour la
» rendre douteuse. »

Réponse. J'ai estimé qu'il suffisait de citer quelques preuves. Les *Annales maritimes et coloniales* ne sont pas un journal diplomatique ; telle n'est point leur destination. J'offre d'adresser à l'académie de Bruxelles copie de tous les actes qui mettent en évidence l'ancienneté de l'usage de l'art de saler, d'embariller le hareng, dans les diverses contrées du nord, avant 1340. Ces actes en langue étrangère ne disent rien de *l'art de caquer*, ce sont les actes en langue française qui l'établissent. Ce n'est donc pas sans un motif légitime que j'ai réclamé la priorité de l'invention pour la France. Quoique j'aie des motifs de croire que le hareng était caqué en Scanie, comme en Écosse, en Angleterre, en Hollande, &c., il n'en existe pas de preuves légales : je dois donc reporter à la France l'honneur de la découverte, puisque aucun acte étranger n'en fait mention. En cela, je ne hasarde rien qui annonce que je me laisse entraîner trop loin par l'amour de la patrie ; et à cette occasion, je ne fais preuve ni de prévention, ni d'ignorance, ni d'incapacité, dans les fonctions que je suis appelé à remplir.

(45)

« — M. Noël s'est trompé sur la véritable signification
» des mots *hareng salé, caque, millier, pignon, &c.*

Réponse. Je ne puis m'ètre trompé ; car, dans l'espèce, j'ai
lu et comparé sur la matière plus d'actes que n'ont pu le
faire Ducange lui-même et Charpentier. Ils n'ont jamais
compulsé les archives de l'Angleterre et de l'Écosse, celles
du Danemark et de la Conf.dération hanséatique , ni pu
consulter cette foule d'ouvrages allemands et de recueils de
chartes publiés depuis 1760. Ce n'est pas leur faute s'ils
ne sont pas nés plus tard ; ils ont vu et dû voir avec les yeux
et les lumières du temps où ils ont vécu ; la gloire de leurs
veilles laborieuses n'en saurait éprouver d'atteinte ; je res-
pecte leur autorité, mais je ne m'y soumets point aveuglément.

Je n'ai véritablement plus rien à dire. Le doute qu'a élevé
M. Raepsaet, dans une de ses notes, sur l'ancienneté de la
pêche de la baleine en France , n'est pas susceptible de discussion. M. Raepsaet ignore que, *cete,* dans le moyen âge,
signifie *baleine* et *marsouin,* ainsi que par *wapen,* on entendait *armoirie* ou *emblème.* Cette vérité est établie dans les
deux premiers volumes de l'*Histoire générale des pêches* ; il
n'y a donc pas nécessité d'ouvrir en sa faveur une discussion
qui serait sans mérite , comme sans intérêt. Il me serait très-
facile de prouver d'ailleurs que la chair de baleine ou de marsouin , qui arrivait en Hollande , venait de la Norwége. Les
actes publics de chacune de ces contrées s'expliquent parfai-
tement les uns par les autres ; M. Raepsaet peut s'en rapporter
à moi.

En dernier résultat, M. Raepsaet me demandera sans doute
que je lui explique, « 1.° comment une tradition a pu prendre
» commencement dans le XIV.ᵉ siècle ; comment elle a pu
» faire reconnaître pour une nouvelle découverte, même pour
» une découverte à laquelle on a donné le nom de *mine d'or,*
» une méthode qui était connue depuis trois siècles, et qui se
» pratiquait tous les jours, au vu et au su de tout le monde ;

» 2.° comment un pauvre pilote du petit port de Biervliet
» a pu parvenir à fasciner les yeux, non-seulement de ses
» compatriotes, mais encore ceux des Français, dont il
» aurait emprunté son art; 3.° comment il a pu ensuite
» induire tous les peuples maritimes du nord à admirer
» comme nouveau un procédé qu'ils connaissaient et sui-
» vaient depuis des siècles, sans en connaître d'autres. » ·

Ma réponse à la première question est bien courte: la découverte de Beuckelz n'a point eu un meilleur fondement que certains miracles consignés dans les légendes de village, par des moines ignorans, d'après une tradition populaire. L'imprimerie n'existait point, lorsque s'établit la tradition incertaine et flottante de cette invention merveilleuse. Beuckelz était mort; et une tradition de ce genre n'est que la voiture messagère d'un fait antécédent, comme celle d'un roulier qui transporte un paquet à son adresse, sans regarder s'il contient du velours, de la soie ou des étoupes. Les services que Beuckelz avait rendus à sa ville natale, je le répète, n'étaient point effacés du souvenir des habitans : comme il est de l'essence de l'esprit humain d'agrandir tout ce qui flatte ses affections, ce fut seulement après la mort du pêcheur de Biervliet que la tradition put s'accréditer ; et je ne doute pas qu'il ne se fût empressé de la démentir, s'il était permis aux restes inanimés de l'homme de soulever la pierre du tombeau. J'ai démontré jusqu'à quel degré cette tradition est fugitive ; je pense, je suis même convaincu que la reconnaissance exagérée de ses concitoyens fit les premiers frais de sa renommée. Peut-être que des rivalités d'opinion et d'intérêt entre la Hollande et la Flandre, contribuèrent encore à sa future célébrité.

J'observe ensuite qu'il n'est pas exact de dire qu'en Hollande et dans aucune contrée maritime d'Europe, on ait donné le titre honorable de *mine d'or* à l'art de caquer le hareng: on l'a donné à la pêche de ce poisson ; certainement on a eu raison. La pêche du hareng fut le plus ferme appui de la république naissante, lorsque, inspiré par son patriotisme, Guil-

Iaume de Nassau prit les armes pour secouer le joug d'un gouvernement oppresseur. La reine Élisabeth parlait de la pêche du hareng dans les mêmes termes. Mais cette qualification que les marchands de canelle, de muscade et de poivre regardent à tort comme fastueuse, ne s'est jamais appliquée à la simple méthode de caquer le poisson. Pour s'en assurer, il suffit de consulter les préambules de tous les actes imprimés.

Sur la seconde question, je suis certain, autant qu'il est possible de l'être, qu'il n'est point entré dans la pensée de Beuckelz de fasciner les yeux de ses concitoyens, ni ceux des Français. C'est aux seuls habitans de Biervliet qu'il faut reporter l'honneur ou l'erreur de sa renommée.

Depuis 1340, date présumée de sa naissance, jusqu'en 1397, date moins incertaine de sa mort, la France fut livrée à des divisions intestines, exposée à des invasions étrangères, qui compromirent sa tranquillité : on ne s'y inquiétait guère de savoir si on caquait du hareng à Biervliet ; et de 1397 à 1450, intervalle durant lequel une partie du royaume fut au pouvoir des Anglais, il dut être fort indifférent d'apprendre ou d'ignorer qu'un pêcheur brabançon était proclamé dans les Pays-Bas comme l'inventeur de l'art de caquer le hareng. Il n'y avait d'ailleurs ni livres imprimés ni journaux ; et, placés très à l'aise sur les conséquences de la tradition, les habitans de Biervliet ne se doutaient pas encore que le nom de Beuckelz était appelé à figurer dans l'histoire.

Quant aux peuples maritimes du nord, « ils n'ont jamais » admiré comme nouveau un procédé qu'ils connaissaient » depuis des siècles, sans en connaître d'autres. » Je réponds ici à la troisième question de M. Raepsaet.

On n'admire que ce qui commande l'étonnement, ce qui frappe ou éblouit les yeux, ce qui porte un caractère éminent de perfection, de grandeur ou de puissance. Caquer du hareng n'offrait pas aux peuples du nord une matière à l'admiration ; mais pêcher ou saler avec eux ce poisson, devenait un sujet de jalousie. Quoique plusieurs villes de la Hollande, de la Zélande, de la Frise, eussent réussi à se faire admettre dans la confédération hanséatique, il n'en est pas moins vrai que Lubeck, Hambourg, Brême et les autres villes de la basse Allemagne, leur portaient une haine secrète. Les villes allemandes de la Hanse traitaient les villes hollandaises comme alliées, mais elles les détestaient cordialement comme rivales.

Si les Hollandais qui se rendaient tous les ans en Scanie, avaient inventé, apporté et introduit un nouveau procédé dans la préparation du hareng, un procédé dont l'excellence eût provoqué l'admiration, les pêcheurs des villes allemandes ne se seraient pas bornés à lui rendre un stérile hommage; on les eût vus s'empresser de l'adopter, et les actes de la Hanse en feraient mention. Que faut-il conclure du silence des écrivains qui sont entrés dans les détails les plus minutieux sur toutes les opérations de pêche et de commerce de cette grande association politique et marchande! — Rien autre chose, sinon que l'art de caquer le hareng était pratiqué en Scanie, comme en France; et en cela, je ne crois pas sortir de la sphère des probabilités, comme on voudrait m'en supposer l'intention.

M. Raepsaet termine son mémoire par cette phrase remarquable: « Pour nous convaincre qu'il est le premier » qui voie clair, M. Noël eût dû nous prouver pourquoi, » pendant quatre siècles, toute l'Europe a été aveugle sur la » grande réputation d'un pauvre pilote pêcheur. »

Je répondrai toujours que, durant quatre siècles, l'Europe a cru sur parole; comme il m'arrive à moi-même de croire à l'existence du tombeau de Beuckelz, bien que je ne l'aie jamais vu.

Un écrivain s'empara de la tradition, telle qu'il la trouvait, à l'époque où il composait son livre. Il n'apporta guère plus de soin à s'assurer de la vérité des faits, que s'il se fût agi d'un miracle de S. Guénolé ou de S. Cucufin (la Bretagne me pardonnera de citer un des saints qu'elle révère le plus). Cet écrivain a été ensuite copié par tous ceux qui ont traité la même matière, nationaux ou étrangers (1). Sa confabulation, cessant d'être populaire et devenant historique, s'est propagée d'autant mieux, que les copistes, trompeurs ou trompés, se succédaient plus rapidement. Pourquoi s'en étonner ! Si d'un côté l'ignorance a ses tréteaux, comme la science a son théâtre, de l'autre, ceux qui lisent les livres sont-ils dans l'usage de consulter les actes, les preuves de toutes les assertions qu'ils renferment ? Ceux qui auraient voulu s'instruire, qu'auraient-ils trouvé, en s'attachant à remonter plus haut que la date du premier volume imprimé, sinon la tradition qui s'était conservée dans Biervliet et ses faubourgs ! A défaut d'actes, il faut bien s'en rapporter au témoignage des livres ; c'est encore ce qui se pratique à Paris, où tous les auteurs ne pourraient pas dire : « Croyez-moi, car j'ai vu. »

Pour une foule d'autres choses, en est-il autrement ! —Non. Ainsi l'histoire fait honneur à tel général du gain d'une bataille, quoiqu'il soit de toute vérité que la victoire est due aux manœuvres savantes d'un officier supérieur placé sous ses ordres ; tel homme qui a manqué de caractère et d'énergie dans un combat, est souvent proclamé comme le héros de la campagne. Quelque réservée que soit ma critique, elle pourrait se reproduire sous bien des formes, en l'appliquant à autant d'objets différens. Il n'y a, par exemple, ni bois de sapins ni forêts de chênes en Hollande ; cependant, tous les jours, en France, nous disons, *sapins ou chênes de Hollande* (2). C'est une tradi-

---

(1) Qui pourrait croire qu'en 1751, un Anglais assez peu instruit de l'histoire de son pays, écrivait en ces termes: « It is observ'd that William » Buckelz or Bukelen, a native of Biervliet, *render'd his name immortal*, » by the discovery of *the secret of curing and pickling herrings*. » J. S. DODD's *Essay towards a natural history of the herring*, page 58.

(2).... Sic multæ res dicuntur Hollandiæ apud plures nationes, quæ in Hollandia non crescunt. TERPAGER, *Rypæ Cimbricæ descriptio*, page 684.

tion populaire, qui pourrait finir, à son tour, par devenir historique. Nous sommes assez crédules à Paris, pour croire que les harengs pecs ont été pêchés sur les côtes de la Hollande, aux embouchures de la Meuse ou de l'Escaut, bien qu'ils soient pris à la hauteur des îles de Shetland en Écosse, comme autrefois ils le furent dans le Sund, sur les côtes de Skanor et de Falsterbo. C'est encore une tradition populaire, dénuée de tout fondement. Enfin, on croit généralement que le bois de Brésil a emprunté son nom de la contrée d'Amérique d'où l'on en tire le plus : néanmoins, quand j'ouvre l'*Aureum opus* du royaume de Valence (1), j'y trouve, en 1251, le bois de Brésil imposé à des droits d'entrée, sous le règne de Jacques Ier; et lorsque, de cet ouvrage, il m'arrive de passser au recueil des *Ordonnances royaux des rois de France*, j'y trouve également cité (2) le bois de Brésil, en 1358, 1360, 1378, quoique le Brésil n'ait été découvert qu'en 1500. C'est encore une tradition, mais plus erronée que la première; car un jour peut-être il pourrait arriver enfin qu'en Hollande on plantât des chênes et des sapins, et alors la tradition serait justifiée, au moins pour les temps à venir.

L'Europe a été crédule, mais non pas aveugle. Elle a pu croire aveuglément, ce qui n'est pas la même chose, et d'ailleurs tout le monde n'a pas cru ; j'en cite pour exemple le savant Krünitz, l'éditeur de l'*Encyclopédie allemande*. Au surplus, il ne serait pas généreux de reprocher à l'Europe la confiance qu'elle a mise dans la véracité des écrivains de la Belgique.

Il ne m'appartient pas de décider si l'Europe doit continuer de croire; seulement je suis trop juste pour la blâmer

---

(1) *Aureum opus regalium privilegiorum civitatis et regni Valencie*, page 15.

(2) *Ordonnances des rois de France*, tome III, page 256, 417, tome VI, page 365.

d'avoir cru. Dans l'état de la question, je reste persuadé que l'art de caquer le hareng est beaucoup plus ancien que l'on n'a pensé. J'estime que ce procédé était pratiqué dans le nord, en Hollande, en Angleterre, en France, avant Beuckelz, sans que l'on puisse avec précision fixer l'époque de son origine.

Je persiste à soutenir, 1.° que la France étant le royaume qui possède les actes les plus anciens et les plus authentiques, dans lesquels il soit fait mention de *hareng caqué*, la France doit s'attribuer la priorité de l'invention; 2.° que pour lui enlever cette possession de priorité, il faut produire, non une simple tradition, non des livres qui ont servilement recueilli cette tradition, mais des titres diplomatiques antérieurs aux siens, et dont le témoignage ne leur soit point inférieur.

Si, dans l'espèce, il m'en est communiqué un seul, extrait des archives de la Hollande, de la Flandre, ou même de celles de l'ancienne confédération hanséatique, je retire ma proposition. Mieux encore, s'il en est besoin, je ferai imprimer un nombre suffisant d'exemplaires des quatre mémoires où la discussion se trouve consignée; ils seront tous distribués dans les villes maritimes de la Hollande et de la Flandre. Je crois à l'impartiale équité de l'opinion des étrangers, à celle de M. Raepsaet lui-même, que je combats avec ardeur, mais sans intention de l'offenser. La Flandre et la Hollande prononceront si je me suis trompé; je m'en rapporterai sans réserve à leur décision.

L'Inspecteur des pêches de France près le ministère de l'intérieur, Membre de l'Académie impériale des sciences de Pétersbourg, &c.

NOËL DE LA MORINIÈRE.